钢筋混凝土框架结构抗震
性能指标研究

郑建波　著

中国海洋大学出版社

·青岛·

图书在版编目(CIP)数据

钢筋混凝土框架结构抗震性能指标研究 / 郑建波著.
—青岛:中国海洋大学出版社,2017.9
ISBN 978-7-5670-1555-5

Ⅰ.①钢… Ⅱ.①郑… Ⅲ.①钢筋混凝土框架—
框架结构—抗震性能—性能指标—研究 Ⅳ.①TU375.4

中国版本图书馆 CIP 数据核字(2017)第 210372 号

出版发行	中国海洋大学出版社			
社 址	青岛市香港东路 23 号		**邮政编码**	266071
出 版 人	杨立敏			
网 址	http://www.ouc-press.com			
电子信箱	1079285664@qq.com			
订购电话	0532—82032573(传真)			
责任编辑	郑雪姣		**电 话**	0532—85901092
印 制	潍坊鲁邦工贸有限公司			
版 次	2017 年 10 月第 1 版			
印 次	2017 年 10 月第 1 次印刷			
成品尺寸	170 mm×230 mm			
印 数	1—1000			
印 张	6.25			
字 数	105			
定 价	28.00 元			

前　言

我国是世界上地震灾害最严重的国家之一。为了减少地震造成的人员伤亡和经济损失,为社会的可持续发展创造一个良好、安全的环境,我们应该根据国家的基本国情开展基于性能的抗震设计理论研究。本书以我国目前应用较为广泛的钢筋混凝土框架结构为研究对象,从构件和结构楼层两个层次分别对用于评价结构在地震作用下损伤程度的性能指标进行了研究,为基于位移的地震损伤控制设计提供了理论基础。

本书首先对现有的用于评价结构构件在地震作用下损伤程度的损伤模型进行了总结与分析。然后基于太平洋地震工程研究中心(Pacific Earthquake Engineering Research Center, PEER)关于钢筋混凝土柱的试验数据库,对 Park-Ang 双参数损伤模型进行了修正,修正后的双参数损伤模型提高了损伤指标的计算精度。在此基础上对损伤指标中的位移项和能量项对损伤指标的影响程度进行了对比分析,指出位移项是影响损伤指标的主要因素,能量项对损伤指标的影响程度比较小,但仍不能忽略能量项的作用。

其次,本书在参考国内外建筑抗震规范及现有研究成果的基础上,将钢筋混凝土框架结构抗震性能等级划定为五个等级。采用修正后的损伤模型确定构件各损伤特征点对应的损伤指标,从结构构件层次对抗震性能等级进行了量化。参考国内外相关研究成果,确定对应于各性能等级的层间位移角限值,从结构楼层的层次对抗震性能等级进行了量化。

最后,本书以轴压比、剪跨比、纵筋配筋率和配箍率为主要设计参数,进行了钢筋混凝土构件(梁、柱)的低周反复加载试验。从试验宏观现象中得到了构件在地震作用下损伤破坏的全过程:混凝土开裂—纵筋受拉屈服—混凝土保护层边缘压碎—混凝土保护层剥落—核心区混凝土边缘压碎—纵筋断裂(压屈)。根据试验结果,对比研究了轴压比、配箍率、剪跨比、纵筋配筋率对构件抗震性能的影响。采用修正后的损伤模型确定各构件损伤特征点对应的损伤指标,从试验角度验证了所建立的抗震性能等级是合理的。

本书的撰写得益于以下课题的支持：

1. 国家自然科学基金项目（编号：50708081）："钢筋混凝土结构基于位移的地震损伤控制设计研究"。

2. 国家重点基础研究发展计划项目（编号：2007CB714202）："973"课题"城市多龄期建筑的地震破坏过程与倒塌机制"。

本书作者师从同济大学蒋欢军教授，从事混凝土结构抗震设计、土木工程教学、科研等工作，特别感谢蒋欢军教授对本书内容的指导以及审核和校对，作者从老师严谨的工作态度和豁达的生活态度中学到了很多，向老师致敬！

由于作者水平有限，书中难免有不妥之处，敬请各位专家读者批评指正。

目　录

第一章　绪　论

1.1　概述

地震是人类面临的最主要自然灾害之一。经过近一个世纪的努力,通过对建筑物的抗震设防,人们已经可以有效地控制建筑物的倒塌,减少地震所造成的人员伤亡。但是在总结近年来发生的地震灾害时,特别是 20 世纪 90 年代以来发生的震害时,人们惊奇地发现按现行规范设计的各种建筑物在地震中虽然基本保证了生命安全,但是在控制地震造成的经济损失上却显得力不从心,地震震害最显著的特点是地震灾害损失呈上升的趋势,如 1994 年美国 Northridge 地震(经济损失 200 亿美元)、1995 年日本神户地震(经济损失 1 000 亿美元)、1999 年中国台湾集集地震(经济损失 3 766 亿新台币)、2008 年中国汶川地震(经济损失 8 451 亿元人民币),给社会造成了极大的经济负担。这些震害表明现行的以保证人的生命安全为原则的一级设计理论在抗震设计理念、满足社会需求等方面还存在着较多问题。随着经济的发展和城市化程度的提高,人口和财富在有限空间的高度集中,建筑物日益庞大和复杂,地震灾害已给城市的可持续发展带来了巨大的威胁。若不采取新思路、新方法、新技术,今后地震造成的经济损失会越来越严重。同时,这些震害也促使了地质工作学者对现行的抗震设计体系进行重新评价和深刻反思。事实上,在地震作用不大的情况下之所以造成巨大的经济损失,主要是由于建筑的功能因结构的地震损伤而受到了影响或破坏。而目前世界上大部分国家现行的以保证人的生命安全为原则的抗震设计方法是基于承载力或强度的设计方法,不能对结构的地震损伤及由此导致的经济损失进行有效控制,不能对建筑物在未来的地震中表现出的抗震性能做出正确评估,并且忽视了对建筑物中非结构构件和内部设施(建筑功能)的保护。

基于上述问题的深刻反思,20 世纪 90 年代初美国科学家率先提出了基于性能的抗震设计思想(performance-based seismic design,PBSD),并在政府的资助下启动了许多相关科研项目。基于性能的抗震设计理论是指根据建筑物的用途和重要性以及地震设防水准确定建筑物的抗震性能目标,按照该目标进行建筑抗震设计,使设计的建筑在未来可能发生的地震作用下具有预期的抗震性能和安全度,从而将建筑的震害损失控制在预期的范围内。基于性能的抗震设计思想是抗震设计理论的一次变革,受到了世界各国地震工程学者的广泛关注,目前已得到了工程界的广泛认同。美国、日本、新西兰和欧洲各国学者纷纷开展这方面的研究,把基于性能的抗震设计理论作为改进现有抗震设计理念、制定新一代抗震设计规范的主要理论基础。我国也于 20 世纪 90 年代末开始了有关理该论的研究工作。目前该理论在实践中已开始用于现有结构的抗震性能评估和抗震加固设计。

下面针对传统的抗震设计方法与基于性能的抗震设计方法进行对比阐述。

1.1.1 传统抗震设计思想及方法

考察目前世界各国抗震设计规范,大多数国家均以"小震不坏、中震可修、大震不倒"作为抗震设计思想,我国 2001 年的新《建筑抗震设计规范》也是如此。为实现上述三水准抗震设防要求,各国采取了不同的设计方法,但均大同小异。我国是采用二阶段抗震设计方法来保障对大量的一般工业和民用建筑实现其三水准的抗震设防要求,同时以此方法为基础通过对建筑物进行抗震重要性分类(甲、乙、丙、丁四类)来区别不同类别的建筑并采取相应的修正方法来满足不同的抗震设防要求。这两阶段设计方法是:第一阶段进行强度验算,取第一水准烈度(小震)的地震动参数,用弹性反应谱计算结构的弹性地震作用及效应,并与其他荷载效应组合,对构件截面进行抗震承载力验算,以保证必要的强度可靠度要求;再通过合理的结构布置和有关的构造措施,保证结构具有必要的变形能力。第二阶段进行弹塑性验算,对特别重要的建筑和地震时易倒塌的结构,要按第三水准烈度(大震)的地震动参数进行薄弱层(部位)的弹塑性变形验算,并采用相应的构造措施以满足"大震不倒"的设防要求。

归纳起来,传统抗震设计思想及其方法具有如下五个特点:

三水准抗震设计思想是以保障人民生命安全为基本目标的,因此与现代建筑所蕴含的经济、社会、政治等多方面功能无法适应。

三水准抗震设计思想对结构的功能要求规定过于泛化,因而无法满足投资者、业主或环境对其功能上的"个性"要求。

三水准抗震设计思想对三级设防水准小震、中震、大震用不同的 50 年基准期内的超越概率(分别为 63.2%、10% 和 2%～3%)来定义,且以各地地震基本烈度为基础反映,在应用上不方便。

二阶段抗震设计方法中对地震作用(包括弹性和弹塑性)的计算是以加速度反应谱作为其基本的表达方式,它无法解决地面运动长周期成分所引起的结构的速度和位移响应问题。

二阶段抗震设计方法所采用的基于概率的极限状态设计思想,其可靠度只局限在构件层次,且采用分项系数来保证可靠度。显然,由此得到的结构体系的可靠度会分布在一个很大的范围内。

基于现有建筑结构抗震设计规范的缺陷及存在的问题,为了更好地满足社会和公众对结构抗震性能的多种需求,美国联邦紧急救援署(FEMA)和国家自然科学基金会(NSF)资助开展了一项为期6年的行动计划,对未来的抗震设计进行了多方面的基础性研究,提出了基于性能的抗震设计理论,包括设计理论的框架、性能水准的定性与定量描述、结构非线性分析方法。日本、新西兰、欧洲各国、加拿大、澳大利亚相继开展了基于性能的结构抗震设计理论的研究。2000年11月15日,这些国家的地震工程研究人员汇集日本国土交通省建筑研究所,就基于性能的结构抗震设计理论的概念性框架、荷载与反应、抗震设计等主要内容进行了学术交流。可以肯定地说,基于性能的结构抗震设计理论已成为这些国家地震工程研究的热门课题。我国在该领域的研究是近几年的事,主要集中在如何消化国外研究成果,这在新的《建筑结构抗震设计规范》中得到了一定程度的体现。我国工程抗震界普遍认为,中国21世纪的抗震设计规范应顺应国际发展,发展适合国情的、基于性能的结构抗震设计理论。

1.1.2 基于性能的抗震设计概念

如上所述,传统的抗震设计思想及方法无法满足人们对结构抗震功能的深层次要求。为此,近年来各国学者纷纷关注如何更好的强化结构抗震的安全目标和提高结构抗震的功能要求,并已在理论研究乃至设计实践中实现了以下三个方面的转变:① 以力分析为主→兼顾力和变形→全面考虑力、变形、损伤、耗能;② 线性分析→非线性分析;③ 确定性分析→可靠性分析。在此基础上,20世纪90年代初,美国学者提出了基于性能的抗震设计概念,并立即引起了世界范围同行的极大兴趣和广泛研究。它的思想内核是:将抗震设计以保障人民生命安全为基本目标转化为在不同风险水平地震作用下满足不同的性能目标,从而通过多目标、多层次的抗震安全设计来最大限度保障人民生命安全和实现“效益—投资”的优化平衡以及满足对结构“个性”的要求。显然,这一思想是在总结传统设计思想的基础上以概念化的形式加以发展的,而并非是对传统设计思想的革命。事实上,传统的三水准抗震设计思想也具有基于性能的抗震设计思想的因素,只不过是处于初级的、低水平的、目标不明确的层面上而已。在基于性能的抗震设计这一概念明确提出以后,已有的研究成果(如前述的三个方面的转变)便可纳入其中,再加上更多系统的、有目的的研究,从而形成一个科学而又开放的体系。这对各国修改和完善抗震规范具有很好的指导作用。目前,世界许多国家都对基于性能的抗震设计进行了广泛而细致的研究,以期将其尽快地应用到新的抗震规范中去。

我国在 2001 年的《建筑抗震设计规范》中也体现了一些这一思想。

要实现基于性能的抗震设计思想,必须对结构在地震作用下的损伤进行有效控制。实际震害和理论分析都表明,地震导致的结构变形是结构构件和非结构构件破损的主要原因,结构的破坏程度与结构的变形(耗能)能力和位移响应密切相关,变形指标比强度指标更能反映结构在地震作用下的性能。将变形作为抗震结构性能的参数,还可以对结构的整体行为进行合理的控制。因此,国内外学者对基于性能的抗震设计理论的研究主要集中在基于位移(变形)的抗震设计上,基于位移的抗震设计方法被公认为是现阶段实现基于性能的抗震设计最为便捷的一条途径。

1.2 国内外研究现状

1981 年 Sozen[1]首先系统的阐述了控制结构位移的抗震设计思想,认为结构的层间位移是直接影响结构和非结构构件损伤破坏程度的主要因素,设计人员在进行抗震设计时应采用位移参数来选择经济有效的抗震结构体系。他所提出的设计思想并没有提供足够的信息来指导设计人员直接把位移的计算与结构反应需求联系起来,因而只能称其为基于位移的概念设计。20 世纪 60 年代,Newmark[2]首先注意到具有良好变形能力的结构可以在较小承载力的情况下承受较大的地震作用,并研究了单自由度弹塑性系统与对应的弹性系统在地震作用下位移反应之间的关系。20 世纪 80 年代,随着"小震不坏、中震可修、大震不倒"的多水准抗震设计理念在抗震规范中实施,许多国家的抗震规范都规定了对结构进行层间位移角验算。这个阶段位移验算是对强度设计方法的补充,但位移并不作为控制参数直接参与设计。1991 年 Qi 和 Moehle 正式提出了基于位移的抗震设计方法,用于钢筋混凝土结构的设计[3]。该方法以位移作为设计参数,通过控制结构的位移反应来控制结构的破坏。1995 年 Calvi[4]和 Kowalsky[5]分别提出了直接基于位移的方法用于多自由度规则桥梁和钢筋混凝土桥墩的抗震设计。自此开始,基于位移的抗震设计方法受到了国内外学者的广泛关注,纷纷开展这方面的研究。根据已有研究成果,基于位移的抗震设计方法可归纳为以下两类。

(1) 传统的基于承载力(强度)的抗震设计与抗震性能检验相结合的方法。

先采用传统的基于承载力的设计方法对结构进行初步设计,然后采用静力弹塑性法(即推覆分析)对结构的抗震性能进行检验与评估,若不满足性能目标则需修改设计,重新迭代计算。其中研究和应用最多的是能力谱法。该方法最早由 Freeman 等人提出,后又经过了 Fajfar 等一些学者的改进和发展[6]。该方法是通过对地震反应谱与能力谱的比较来检验结构在给定地震作用下的抗震性能。由于地震变形需求的计算是该方法的关键,近年的研究主要集中在如何提高地震变形需求的计算精度,特别是对传统推覆法的不断改进,代表性的有:Gupta 提出了基于适应性反应谱的推覆分析,在推覆过程中不断根据变化了的刚度调整侧向力的分布模式[7],但计算量很大;Chopra 提出了模态推覆分析方法,结构的地震需求通过各模态的推覆分析结果组合得到,以考虑高阶振型的影响[8];Kalkan 结合上述两种方法提出了适应性的模态组合法[9]。此外,部分研究集中在对结构地震变形需求的分布规律、影响因素及求解方法上[10, 11]。

该方法的实质是在传统的基于强度的抗震设计基础上对结构进行抗震性能的校核,用于设计往往需要多次迭代,使用不方便,从严格意义上来说是一种准性能设计方法,更适用于已有结构抗震性能的评估和新设计结构抗震性能的校核。

(2) 直接基于位移的抗震设计方法。

该方法是由 Calvi[4] 和 Kowalsky[5] 提出,先用于钢筋混凝土单自由度结构的抗震设计,后用于钢筋混凝土多自由度桥梁和建筑结构的抗震设计。随后一些学者又对该方法进行了进一步的完善和发展,其中代表性的有:Priestley 提出了通过限制结构材料应变来控制结构构件损伤及考虑土-结构相互作用的基于位移的抗震设计方法[12];Xue 采用 Newmark-Hall 折减系数从能力谱中得到了非线性地震需求,将位移和延性同时作为设计目标[13];Kowalsky 提出了有效模态形状的概念,在确定目标位移时采用反应谱的振型组合来反应高阶振型的影响[14];Browing 提出了利用位移反应谱及位移角限值确定目标周期[15];Aschheim 提出了屈服点谱,根据目标位移角和延性限值确定屈服强度[16];SEAOC 蓝皮书提出了五个与位移限值相对应的性能等级用于直接基于位移的抗震设计[17]。由于非线性地震反应谱是基于位移的抗震设计方法的基础,近年来的研究又主要集中在考虑地震动特性、场地条件及结构特性等因素的非线性反应谱上,如非线性位移反应谱、延性需求谱、能量需求谱等[18~20]。

该方法在设计开始时就明确了结构的性能目标,直接把位移作为抗震性能指标和结构设计参数,使基于性能的抗震设计方法得到了很大简化,更具有实际的可操作性,比前一种方法更适用于基于性能的抗震设计。

国内情况:我国基于性能的抗震设计理论研究始于 20 世纪 90 年代末,把基于结构性能设计理论引入到结构优化设计领域,提出基于性能的抗震优化设计概念。1999 年 10 月,在清华大学举行了高层建筑抗震设计新方法国际研讨会"International Seminar on New Seismic Design Methodologies For Tall Buildings"研讨会,与会学者对基于性能的结构抗震设计进行了广泛地交流和讨论。近年来,随着研究的深入,取得了一定的研究成果,2004 年颁布了《建筑工程抗震性态设计通则》,体现了基于性能的抗震设计研究的最新进展,为下一代抗震设计规范的编制提供了一个新的模式。近年来,我国基于位移的抗震设计研究成果主要体现在以下几个方面:(1)对非线性反应谱的研究,主要包括对非弹性位移设计谱[21]、等延性地震抗力谱[22]、Ay-Dy 格式(屈服谱加速度屈服位移格式)的地震需求谱[23]、特征延性谱[24]和延性需求谱[25]的研究;(2)对目标位移和位移模式的研究,吴波等[26]提出了直接基于位移可靠度的抗震设计中层间目标屈服位移的计算公式,田野等[27]用框架梁节点截面屈服时的位移作为目标位移,推导了层间屈服位移的计算公式,梁兴文等[28]提出了用作用倒三角形水平分布荷载的等截面悬臂柱的侧移曲线作为框架结构的初始侧移模式;(3)对设计方法的研究,主要包括钢筋混凝土桥墩[29]、钢筋混凝土框架梁[30]、框架柱[31]及剪力墙[32]直接基于位移的抗震设计方法和基于改进能力谱的地震损伤性能设计方法[33]。

目前基于位移的抗震设计方法要在工程实际中得以应用,尚有不少问题有待进一步研究:性能指标研究不够全面、深入,性能等级的划分比较模糊、粗糙,定性的描述多于定量的界定,缺乏足够的试验资料和震害资料;对于结构构件,往往忽略地震持续时间带来的累积损伤的影响,而事实上累积损伤对结构的抗震性能有较大的影响,特别对于钢筋混凝土结构,由于低周疲劳引起的结构性能(刚度、强度、变形能力等)的退化十分明显,只通过限制其位移或延性还不足以实现对地震损伤的有效控制[34];对非结构构件,由于构件种类繁多,相关研究远落后于结构构件的研究,未能建立一套系统、统一的损伤标准。

1.3 研究意义

我国是世界上地震灾害最严重的国家之一。为了减少地震造成的人员伤亡和经济损失,为社会的可持续发展创造一个良好、安全的环境,我们应该根据国家的基本国情开展基于性能的抗震设计理论研究。采用基于性能的抗震设计理论有利于与国际间建立统一的建筑设计标准,扩大与国外的交流与合作。

本书以我国目前应用较为广泛的钢筋混凝土框架结构为研究对象,分别从结构构件和结构楼层两个层次对钢筋混凝土框架结构的抗震性能等级进行量化,为基于位移的地震损伤控制设计提供基础支持。

1.4 主要内容

钢筋混凝土框架结构是一种在实际工程中被广泛采用的抗震结构体系,大量震害资料表明框架结构的整体破坏(倒塌),大多是由于底层柱或者薄弱层柱的塑性铰损伤累积到一定程度而丧失竖向或水平承载能力而引起的。因此,本书的研究重点是钢筋混凝土框架结构构件(梁、柱)的地震损伤破坏机理。本课题研究思路为:以 Park-Ang 双参数损伤模型为代表的考虑最大变形和累积塑性耗能引起损伤的损伤模型为基础,通过整理和分析已有研究成果及适量补充试验确定应用于本课题的地震损伤指标,研究该损伤指标与构件破坏状态的对应关系,结合层间位移角建立钢筋混凝土框架结构的抗震性能等级。

本书的主要内容如下:

1. 基于加州大学 Berkley 分校太平洋地震工程研究中心(Pacific Earthquake Engineering Research Center,PEER)建立的钢筋混凝土柱试验数据库,选取符合一定条件的试验数据对 Park-Ang 双参数损伤模型进行修正,明确相关参数取值,确定应用于本书的损伤模型;

2. 参考国内外建筑结构抗震规范及已有研究成果,建立钢筋混凝土框架结构的抗震性能等级;以损伤指标和层间位移角为主要性能指标,从构件和结构楼层两个层次对抗震性能等级进行量化;

3. 设计并完成钢筋混凝土梁、柱低周反复加载试验,详细观察、记录试验过程中构件损伤破坏的情况;

4. 整理分析试验数据,对比研究轴压比、剪跨比、纵筋配筋率和配箍率四个参数对构件抗震性能的影响;

5. 基于钢筋混凝土梁、柱低周反复加载试验数据,采用修正后的损伤模型确定各试件损伤特征点对应的损伤指标,从试验角度验证所建立的抗震性能等级中用于评价结构构件损伤程度的性能指标是否合理。

第二章　钢筋混凝土构件损伤模型的发展与研究现状

2.1　结构的地震损伤破坏机理

地震作用下的结构反应主要取决于地震动特性和结构自身的动力特性。地震动三要素(振幅、频谱、持时)的不同组合,使得结构呈现出不同的破坏形式。大量试验和理论研究表明,钢筋混凝土结构在地震作用下的破坏主要是通过首次超越破坏和累积损伤破坏两种途径实现的[35]。第一种途径是当应力或应变超过某个限值后,损伤将随着力的单调增长而发展,当应力或应变累积增大到一定程度后结构突然发生破坏。第二种途径是在循环加载过程中,由应力或应变的增长导致的损伤尚不足以造成构件失效破坏时,由于反复的振动作用,使得结构性能(强度、刚度等)不断退化,构件损伤随变形循环次数的增加不断增长,主要包括混凝土和钢筋本身的损伤累积,以及它们之间的黏结效应和裂缝界面效应的损伤累积。

目前国内外对结构地震损伤破坏机理的总体认识是:结构最大反应和累积损伤是相互影响的,随着结构累积损伤的增加,结构最大反应破坏的控制界限将逐渐下降;随着结构最大反应的增大,结构累积损伤破坏的控制界限也将逐渐下降。在一定程度上反映了地震动三要素对结构破坏的影响。

为了达到保证生命安全,控制结构破损程度,使财产损失控制在可以接受范围内的目的,这就要求在实际设计工作中,针对不同抗震设防水准,保证结构具有明确的性能水平。结构的性能与结构的损伤破坏状态相关联,而结构的损伤破坏状态又可由结构的反应参数或者某些定义的损伤指标来确定,所以结构性能水平可以用某种定义的损伤指标加以划分。研究人员通过各类钢筋混凝土构件在反复荷载作用下直至破坏的试验结果,建立了评价构件在不同位移幅值循环下是否发生破坏的判别模型。

2.2　损伤的基本概念

为了反映结构或构件的损伤程度,就需要选择一个或者多个反应量来评价结构或构件的损伤程度,这些反应量被称为损伤变量 d。损伤模型以损伤指标 D 作为评价结构或者构件损伤情况的标志,损伤指标 D 是各损伤变量 d 的函数。损伤指标 D 的取值应在 $[0,1]$ 之间,当损伤指标 $D=0$ 时,表示结构或构件没有损伤;当 $D=1$ 时,表示结构或构件已经破坏;当 $0<D<1$ 时,意味着结构或构件处于无损伤和破坏之间的某种损伤状态。

损伤变量 d 是结构或构件在损伤破坏过程中的反应量,可以是应变或者曲率;或者是位移量,如杆端转角、层间水平位移等;也可以是力,如层间剪力、构件抗力等。此外,钢筋混凝土结构或构件在反复循环加载过程中所耗散的能量也可以作为损伤变量。

损伤指标 D 是损伤变量 d 的函数,损伤指标表达式中可以包含一个或多个损伤变量。图 2.1 给出的是损伤指标 D 与单个损伤变量 d 的对应关系。Oliveria (1977)、Powell 和 Allahabadi(1988)等[36]先后提出损伤指标与损伤变量间的推断性函数关系为:

$$D=\frac{(d_{cal}-d_0)^\alpha}{(d_u-d_0)^\alpha} \tag{2.1}$$

式中,d_{cal} 为要计算的结构或构件的损伤变量,d_0 为损伤变量的阈值,d_u 为结构或构件破坏时的损伤变量,α 为离散性指数(试验数据不充分时取 1)。如果 $d_{cal}<d_0$,则表示结构或构件处于弹性变形状态,没有残余变形,结构或构件没有损伤。

结构构件的损伤模型可以预测结构各受力构件在地震作用下非弹性反应历程中是否丧失承载能力,即对应的损伤指标 $D=1$ 的情况。国内外许多研究者基于不同的假设,提出了多种不同的损伤模型。总结起来可以

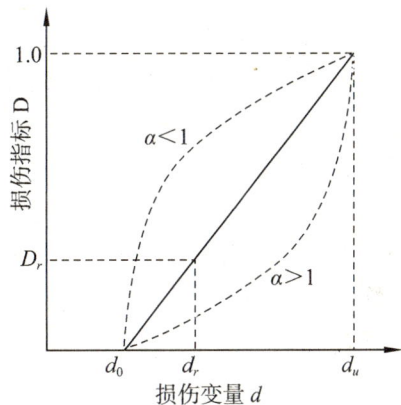

图 2.1　损伤指标与损伤变量的关系

用不同的分类标准进行分类,如根据确定损伤指标的数学理论方法的不同,损伤模型可以划分为确定性损伤模型和非确定性损伤模型;根据分析目的的不同,可以划分为结构损伤模型和经济损伤模型;根据研究的层次对象,可以划分为材料、构件和结构三个层次的损伤模型。本书主要研究的是构件层次的损伤模型。

随着对损伤规律的深入研究,对钢筋混凝土构件损伤模型的研究大致经历了单参数损伤模型和多参数损伤模型两个发展阶段。

2.3　单参数损伤模型

单参数损伤模型是根据单一的破坏参数(延性、位移、变形等)以及相应的容许极限能力建立的损伤模型,基本表达形式是:

$$D=f(\sigma_c,\sigma_u) \tag{2.2}$$

式中,σ_c、σ_u分别是破坏参数的计算值和容许极限值。当$D \geqslant 1$时,表示结构完全破坏;当$D = 0$时,表示结构没有损伤;当$0 < D < 1$时,表示结构处于损伤状态。

单参数损伤模型是基于在结构抗震理论的静力阶段和弹性反应谱阶段对地震动和结构性能的认识基础上提出的。总结已有研究成果,现对单参数损伤模型总结如下:

2.3.1 以强度准则建立的损伤模型

强度损伤模型是应用最广的传统损伤模型,是指按结构动力或者等效静力方法求出构件的最大内力达到其承载能力时,就认为结构破坏。

强度损伤模型对结构在小震作用下的分析与设计是必不可少的,但单一的强度损伤模型一般不能准确反映结构的抗震性能。在结构抗震设计时,出于经济方面的考虑,通常允许结构在预期的强震动作用下发生非弹性变形,而强度损伤模型只能反映结构的弹性性能,无法反映结构进入弹塑性工作状态时的非线性力学性质,因此该模型只适用于"小震不坏"的抗震设计。

2.3.2 基于延性的损伤模型

基于大量试验和震害分析,研究学者发现结构或构件的破坏主要是由于超限的变形引起的,并从实际震害和结构试验分析中得到一定的变形破坏指标,常用的有结构延性系数和层间位移角。相比以强度为损伤变量的损伤模型更为直接地反映了结构在地震作用下的实际受力状态。假定结构或构件在单调加载下的最大延性是地震作用下的延性极限,则基于延性的损伤模型为:

$$D = \frac{\mu_m - 1}{\mu_{u,mon} - 1} \tag{2.3}$$

式中,$\mu_m = x_{max}/x_y$,$\mu_{u,mon} = x_{u,mon}/x_y$,$x_{max}$、$x_{u,mon}$、$x_y$分别表示结构或构件在地震作用下的最大变形、单调荷载作用下的极限变形和屈服变形。

延性损伤模型只反映了地震动振幅和频谱及结构或构件非线性反应的影响,并没有反映地震动持续时间对结构或构件的累积损伤作用。实际上延性损伤模型是在结构或构件一次达到的延性水平与多次反复达到该延性水平所造成的损伤程度相同这一假定条件下建立的,无法反映循环加载效应引起的刚度和强度退化的影响。

2.3.3 Miner 线性累积损伤模型

1945 年,Miner[37]根据金属的高周疲劳理论提出了 Palmgen-Miner 线性累积损伤损伤模型,在材料疲劳损伤研究领域受到广泛的重视,并得到了广泛的应用。该模型假定:

(1) 如果在应力(变形)水平 S_i 作用下,构件疲劳寿命为 N_i,则当在应力(变形)水平 S_i 下循环了 n_i 周时所造成的损伤为：

$$D_i = \frac{n_i}{N_i} \tag{2.4}$$

（2）不同应力（变形）水平的作用顺序发生变化时，其造成的损伤不变，而且每级应力（变形）水平下的损伤可以线性叠加，因此，总的损伤为：

$$D = \sum \frac{n_i}{N_i} \tag{2.5}$$

（3）构件的累积损伤指数 D 随应力实际循环次数 n 的增加线性递增，在等幅循环应力情况下可表示为：

$$D = \frac{n}{N} \tag{2.6}$$

当 $n=0$ 时，$D=0$，表示构件没有损伤；当 $n=N$ 时，$D=1$，构件失效破坏。其中，N 为构件疲劳寿命。

当加载顺序由低应力（变形）向高应力（变形）变化时，Miner 线性累积损伤模型偏于安全；当加载顺序由高应力（变形）向低应力（变形）变化时，Miner 线性累积损伤模型偏于不安全。主要是因为 Miner 线性累积损伤模型忽略了加载次序对损伤的影响。

2.3.4　基于 Miner 模型改进的线性累积损伤模型

由于 Miner 线性累积损伤模型忽略了加载次序对损伤的影响，Chung 和 Meyer 等人（1989）[38] 在 Miner 线性累积损伤模型的基础上提出了改进的损伤模型：

$$D = \sum_i \left(\alpha_i^+ \, \frac{n_i^+}{N_i^+} + \alpha_i^- \, \frac{n_i^-}{N_i^-} \right) \tag{2.7}$$

其中，i 表示位移或曲率水准；"＋、－"表示加载方向；N_i 表示在曲率 i 水准下至失效的循环数，$N_i = (M_i - M_{fi})/\Delta M_i$；$n_i$ 表示在位移或曲率 i 水准下结构实际循环数；α_i 表示考虑加载历程效应的损伤修正系数。

改进的损伤模型保留了 Miner 损伤模型的损伤线性叠加的假设，同时对其进行了改进，即引入了加载次序对损伤的影响。改进的损伤模型不仅考虑了累积滞回耗能引起的损伤，还考虑了曲率幅值的影响及正、负弯矩下的不同损伤情况，被视为钢筋混凝土结构失效评价的一种有效工具。

但是该模型没有考虑复杂荷载作用下各级荷载的相互影响，缺乏有针对性的低周疲劳试验数据的验证，相关参数有待于进一步研究和修正。

2.3.5　基于弯曲破坏比的损伤模型

结构或构件屈服后的非弹性变形和损伤的发展，将导致结构或构件刚度和强度的退化,其退化过程与结构或构件的损伤发展有着密切联系。由于基于延性定义的损伤模型未能反映结构或构件刚度和强度的退化,于是研究者进行了针对性的研究,提出了表征刚度和强度退化的损伤模型。

Banon 和 Bigger 等[39]于 1981 年引入弯曲破坏比的概念建立了如下损伤模型:

$$FDR = \frac{K_r}{K_f} \qquad (2.8)$$

图 2.2 弯矩损伤比损伤模型

其中,K_r 为最大变位处折减了的割线刚度;K_f 为弯曲刚度,对受弯构件 $K_f = 24EI/L^3$。

Roufaiel 和 Meyer[40]在假定构件不会发生局部失效、节点破坏和剪切破坏的条件下,采用改进的弯曲损伤比 $MFDR=1$ 作为构件的损伤模型,如图 2.2 所示,即:

$$MFDR = \max[MFDR^+ ; MFDR^-] \qquad (2.9)$$

式中:$MFDR^+ = \dfrac{\Phi_x^+ /M_x^+ - \Phi_y^+ /M_y^+}{\Phi_m^+ /M_m^+ - \Phi_y^+ /M_y^+}$;$MFDR^- = \dfrac{\Phi_x^- /M_x^- - \Phi_y^- /M_y^-}{\Phi_m^- /M_m^- - \Phi_y^- /M_y^-}$。

以上两式中,M_m/Φ_m 表示构件失效的割线刚度;M_x/Φ_x 表示构件达到的最小割线刚度;M_y/Φ_y 表示构件的初始弹性刚度;上标"+""-"表示加载方向。

当 $MFDR=0$ 时,说明构件还未达到屈服弯矩,因而构件的损伤可以忽略;当 $MFDR=1$ 时,构件已经达到破坏界限。

2.3.6 基于损伤耗能的损伤模型

20 世纪六十年代,Housner 等[41]提出了从结构耗能角度研究结构非线性反应的概念,对结构抗震研究具有重大意义。1989 年 McCabe 和 Hall[42]根据典型的疲劳失效模型,提出了以能量为损伤变量的损伤模型:

$$D = \left(\frac{E_p + E_n}{E_t}\right)^2 + \left(\frac{E_p - E_n}{E_t}\right)^2 \qquad (2.10)$$

式中,E_p 表示正向滞回耗能;E_n 表示负向滞回耗能;E_t 表示结构允许的总累积滞回耗能,其中第一项表示结构或构件的实际滞回耗能与理论值的比值,即由耗能引起结构或构件的损伤;第二项表示结构或构件的不对称反应产生的附加损伤。

基于损伤耗能的损伤模型只考虑了结构的能量累积效应而忽略了变形引起的结构破坏,另外结构允许的滞回耗能不易确定,实际应用中难以实现。

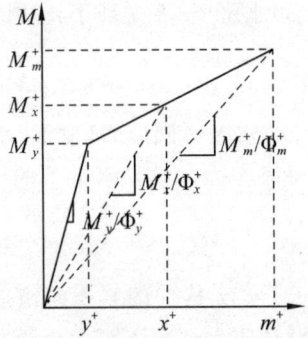

2.4　多参数损伤模型

2.4.1　Banon 和 Hwang 等提出的双参数损伤模型

Banon 等人[39]和 Hwang[43]首先将结构的破坏表示为最大变形和累积滞回耗能的函数,首次建立了变形—能量双参数损伤模型,但是由于统计数据的离散性太大,未能引起学术界和工程界的重视。

2.4.2　Park-Ang 双参数损伤模型

1985 年由 Park 和 Ang[44, 45]基于当时美国和日本的大批钢筋混凝土梁、柱试验结果,以最大变形和累积滞回耗能的线性组合建立了双参数损伤模型:

$$D = \frac{\delta_m}{\delta_u} + \beta \frac{\int dE}{Q_y \delta_u} \tag{2.11}$$

式中,δ_m 为地震作用下构件的最大变形;δ_u 为单调加载下构件的极限变形;Q_y 为构件的屈服强度;$\int dE$ 为构件的累积滞回耗能;β 为组合系数,按式(2.12)计算,对构造良好的构件建议取 0.05。

$$\beta = (-0.447 + 0.073\lambda + 0.240n_0 + 0.314\rho_t) \times 0.7^{\rho_w} \tag{2.12}$$

式中,λ 为构件的剪跨比,当 $\lambda < 1.7$ 时取 1.7;n_0 为轴压比,当 $n_0 < 0.2$ 时取 0.2;ρ_t 为纵筋配筋率;ρ_w 为体积配箍率。

在大量结构试验数据校核基础上,该模型综合考虑了最大变形和累积耗能对构件损伤的影响,得到了国内外研究者的广泛关注,在抗震性能研究领域得到了广泛应用。但是损伤模型中以构件的累积耗能与屈服强度和极限位移的乘积的比值来考虑累积耗能对损伤指标的贡献,物理意义不明确。

2.4.3　Usami 双参数损伤模型

Usami 在 Park-Ang 双参数损伤模型基础上进行了改进,提出了改进的双参数损伤模型[46]:

$$D = (1 - \beta)\left(\frac{\delta_m - \delta_y}{\delta_u - \delta_y}\right)^c + \beta \sum_{i=1}^{n} \left(\frac{E_i}{Q_y(\delta_u - \delta_y)}\right)^c \tag{2.13}$$

式中,β、δ_m、δ_u 和 Q_y 的意义同(2.11);δ_y 表示结构或构件单调荷载作用下的屈服变形;n 表示半周数;E_i 表示第 i 个半周期数的滞回耗能;c 为组合系数。

该模型只适用于理想弹塑性恢复力模型。该模型定义损伤的阈值为单调荷载作用下的屈服变形 δ_y,即当 $\delta_m \leqslant \delta_y$ 时没有损伤,这与实际震害情况不相符。并且该模型形式比较复杂,参数不易确定,实际应用中存在一定问题。

2.4.4　牛荻涛双参数损伤模型

在现有的结构地震破坏模型基础上,牛荻涛等人[47]对钢筋混凝土结构在地震作用下的变形与累积滞回耗能进行了分析,通过对比实际震害情况与分析计算结果,建立了以变形和耗能的非线性组合的双参数损伤模型:

$$D = \frac{X_m}{X_u} + \alpha \left(\frac{\varepsilon}{\varepsilon_u} \right)^{\beta} \tag{2.14}$$

式中,X_m 表示结构的最大变形;X_u 表示单调荷载作用下结构的极限变形;ε、ε_u 分别是结构的滞回耗能和极限滞回耗能;α、β 为组合系数,反映了变形与耗能对结构的损伤影响,通过对震后结构损伤评估与理论分析回归取:$\alpha = 0.138\ 7$、$\beta = 0.081\ 4$。

该模型在形式上采用了位移与能量的非线性组合,组合系数以震害资料和理论分析回归确定,存在一定的离散性。

2.4.5 杜修力双参数损伤模型

杜修力和欧进萍[48]认为,由于结构在地震作用下的非弹性大变形引起的破坏和低周疲劳累积损伤破坏的可能是同时存在的,合理的破坏模型应以适当的方式来组合这两种破坏形式并尽可能多地给出反映破坏的信息量。设 D_1 为反映最大变形反应对应的破坏指数,D_2 为反映累积破坏效应的破坏指数,则结构的综合破坏指数可表示为 D_1、D_2 的非线性组合:

$$D = D_1 + D_2 - D_1 D_2 = D_1 + D_2 (1 - D_1) = D_1 + D_2 f(D_1) \tag{2.15}$$

上式中 $f(D_1)$ 反映了结构最大变形和累积滞回耗能对损伤破坏的综合影响。当 D_1 较小时,破坏主要由滞回耗能控制;D_1 较大时,破坏主要由最大变形控制。

杜修力和欧进萍建议,最大变形反应引起的破坏指数 D_1 可取结构最大变形作为破坏参数,对钢筋混凝土结构建议取卸载刚度比作破坏参数;对累积滞回耗能引起的破坏可表示为:

$$D_2 = \left(\frac{E_H}{E_U(\bar{\delta})} \right)^m \tag{2.16}$$

式中,$\bar{\delta}$ 为地震反应过程中振幅平均值;$E_U(\bar{\delta})$ 表示结构以振幅 $\bar{\delta}$ 作等幅振动达到破坏时的极限滞回耗能;E_H 表示结构在地震全过程中的实际滞回耗能,m 为非负参数。

该模型从平均意义上考虑了滞回环累积幅值对累积损伤的影响。由于公式形式复杂,实际使用中不十分方便。

2.4.6 王东升双参数损伤模型

王东升等[49]结合国内外发表的试验结果,认为构件极限滞回耗能与位移延性系数的关系近似为指数衰减关系。通过引入与加载路径有关的能量项加权因子,提出了双参数损伤模型的改进形式:

$$D = (1-\beta)\frac{\delta_m - \delta_y}{\delta_u - \delta_y} + \beta\frac{\sum\beta_i E_i}{Q_y(\delta_u - \delta_y)} \tag{2.17}$$

式中，E_i 为第 i 个滞回圈所包围的面积(滞回耗能)；δ_y 为屈服位移；β_i 为能量项加权因子，与加载路径有关；其余符号同式(2.11)。

修正后的损伤模型和试验结果的符合情况较好。该模型假定构件屈服之前，即 $\delta_m < \delta_y$ 时，不会产生损伤，在评价实际结构性能上存在误差。

2.4.7　李军旗改进的双参数损伤模型

李军旗、赵世春等[71]结合试验研究改进了经典的 Park 模型，认为大变形幅值下的累积耗能对循环损伤的影响应作折减

$$D = \frac{\delta_m}{\delta_u} + m\eta_p\beta\left(1 - \frac{\delta_m}{\delta_u}\right)\frac{\sum E_i}{V\delta_y} \tag{2.18}$$

式中，m 为组合值系数；η_p 为强度折减系数；V_y 为屈服剪力。

2.5　本章小结

(1)单参数损伤模型中，以强度、延性、弯曲破坏比作破坏参数的模型，反映了结构的非弹性变形引起的损伤破坏；以累积耗能作破坏参数的模型则反映了非线性循环引起的累积破坏。但是结构的损伤破坏是变形和耗能综合作用下的结果，单参数损伤模型并不能反映这一损伤破坏机理。

(2)以 Park-Ang 损伤模型为代表的双参数损伤模型和在此基础上改进的双参数损伤模型，综合体现了损伤破坏是由变形幅值和累积耗能的共同作用引起的这一基本规律。但在实际应用中存在一系列问题：组合系数不易确定、物理意义不明确等。

第三章　对 Park-Ang 双参数损伤模型的修正

3.1　概述

随着地震工程研究领域的不断深入,各国学者普遍认为结构构件在地震作用下的损伤破坏是首次超越破坏和累积损伤破坏的综合体现。为了能够根据结构非线性动力反应分析的结果,评价出各构件控制部位是否发生破坏,研究人员根据以不同方式经历多次反复荷载直到破坏的各类钢筋混凝土构件的试验结果,建立了能评价构件在随机非弹性位移循环中是否发生破坏的判别模型。

在诸多损伤模型中,由 Park 和 Ang[44] 于 1985 年提出的双参数损伤模型在地震工程研究领域得到了最广泛的应用。其形式是:

$$D = \frac{\delta_m}{\delta_u} + \beta \frac{\int dE}{Q_y \delta_u} \tag{3.1}$$

式中各符号意义同第二章中式(2.11)。

双参数损伤模型具有以下两大优势:(1) 该模型是基于当时美国和日本的大批钢筋混凝土梁、柱试验建立的:最初用了 261 个试验结果,在对主要系数做重要修正时,把参考的试验结果增加到了 402 个;(2) 该模型是位移项和能量项的线性组合,综合体现了构件地震损伤破坏机理,即损伤破坏是位移变形幅值和累积滞回耗能共同作用的结果。

然而,双参数损伤模型并非尽善尽美,主要存在以下问题:该模型不能反映构件极限滞回耗能随累积幅值变化的情况,即认为构件极限滞回耗能仅与最大位移幅值有关,而与加载路径无关,与试验结果不符[50,51];所参考的试验构件的构件类型及破坏形式比较复杂,统计结果离散性大;组合系数 β 不易确定,离散性比较大,对损伤状态的确定产生较大影响;模型中能量项以构件的累积耗能与屈服强度和极限位移的乘积的比值来考虑累积耗能对损伤指标的贡献,物理意义不明确。

由于试验加载路径比较复杂,并且大量试验数据分析结果显示加载路径对损伤破坏的影响程度不是很明显,本书没有对加载路径的影响进行深入的研究。

钢筋混凝土框架结构中以弯曲破坏为主的梁、柱构件是组成结构体系的主要结构构件,在结构抗震中发挥着重要的作用。目前地震工程领域对梁构件的研究相对比较少,尚未建立系统的试验数据库,对柱构件的研究相对比较成熟,并且加州大学 Berkley 分校太平洋地震工程研究中心（Pacific Earthquake Engineering Research Center，PEER）在整理已有研究成果基础上,建立了钢筋混凝土柱试验数据库[52]。鉴于柱类构件在结构抗震中的重要性,本书选取 PEER 数据库中满足一定条件的试验数据,对 Park-Ang 双参数损伤模型进行了修正。

3.2　选用的钢筋混凝土柱试验结果数据库

本章选取了 PEER 数据库[52]中 102 个钢筋混凝土柱的试验数据,选取原则为:试件为钢筋混凝土矩形截面柱;破坏形式为受弯破坏;具有完整的滞回曲线且加载至构件破坏。所选取的 102 个试验数据,大多数试验都包含了 $P-\Delta$ 效应的影响。对于两端固定或两端铰接的连接形式进行加载的柱,先转换为单悬臂柱形式,再进行统一计算分析。

表 3.1 为本书所选取并经整理得到的柱的基本参数信息。表中,b、h 分别是柱截面的宽度和高度,L 为柱底至加载点的距离,ρ 为纵向受拉钢筋配筋率,ρ' 为纵向受压钢筋配筋率,ρ_v 为腹板钢筋配筋率,f_y 为纵向钢筋屈服强度,f_{yw} 为箍筋屈服强度,f_c 为混凝土轴心抗压强度,N 为轴向压力。

所选试验构件混凝土轴心抗压强度为 24.9～87 MPa,纵筋抗拉强度为 388～517.1 MPa,剪跨比为 1.7～6.7,轴压比为 0.1～0.8,纵筋配筋率为 1.25%～2.58%,箍筋体积配箍率为 1.0%～2.7%。所选试件的基本参数取值覆盖了常规工程设计的取值范围,具有广泛的代表性。

表 3.1　柱基本参数信息

试件名称	b(mm)	h(mm)	L(mm)	ρ(%)	ρ'(%)	ρ_v(%)	箍筋配置	f_y (MPa)	f_{yw} (MPa)	f_c (MPa)	N (kN)
P806040	305	305	2 000	0.987	0.987	0.497	φ11.3@60	446	438	78.7	2 900
P1006015	305	305	2 000	0.987	0.987	0.497	φ11.3@60	462	391	92.4	1 200
D1N30	250	250	625	0.916	0.916	0.916	φ4@40	461	485	37.6	705
D1N60	250	250	625	0.916	0.916	0.916	φ4@40	461	485	37.6	1 410
L1N60	600	600	1 200	0.637	0.637	0.637	φ12.7@100	388	524	39.2	8 000
mat520n	203	203	610	1.279	1.279	0	φ9.5@76	586.1	406.8	48.3	285
mat520s	203	203	610	1.292	1.292	0	φ9.5@77	587.1	407.8	48.3	285
mat540n	203	203	610	1.165	1.165	0	φ9.5@76	572.3	513.7	38.1	569
mat540s	203	203	610	1.186	1.186	0	φ9.5@77	573.3	514.7	38.1	569

续表

试件名称	b(mm)	h(mm)	L(mm)	ρ(%)	ρ(%)	ρ_v(%)	箍筋配置	f_y(MPa)	f_yw(MPa)	f_c(MPa)	N(kN)
mat1005n	203	203	610	1.279	1.279	0	$\phi9.5@76.2$	586.1	406.8	69.6	142
mat1005s	203	203	610	1.289	1.289	0	$\phi9.5@76.2$	586.1	406.8	69.6	142
mat1010n	203	203	610	1.163	1.163	0	$\phi9.5@76.2$	572.3	513.7	67.8	285
mat1010s	203	203	610	1.163	1.163	0	$\phi9.5@76.2$	573.3	514.7	67.8	285
mat1020n	203	203	610	1.146	1.146	0	$\phi9.5@76.2$	572.3	513.7	65.5	569
mat1020s	203	203	610	1.213	1.213	0	$\phi9.5@76.2$	573.3	514.7	65.5	569
moc11	400	400	1 400	0.809	0.809	0.809	$\phi6.35@50$	497	459.5	24.9	450
moc12	400	400	1 400	0.809	0.809	0.809	$\phi6.35@50$	497	459.5	26.7	675
moc13	400	400	1 400	0.809	0.809	0.809	$\phi6.35@50$	497	459.5	26.1	900
moc21	400	400	1 400	0.809	0.809	0.809	$\phi6.35@52$	497	459.5	25.3	450
moc22	400	400	1 400	0.809	0.809	0.809	$\phi6.35@52$	497	459.5	27.1	675
moc23	400	400	1 400	0.809	0.809	0.809	$\phi6.35@52$	497	459.5	26.8	900
moc31	400	400	1 400	0.809	0.809	0.809	$\phi6.35@54$	497	459.5	26.4	450
moc32	400	400	1 400	0.809	0.809	0.809	$\phi6.35@54$	497	459.5	27.5	675
moc33	400	400	1 400	0.809	0.809	0.809	$\phi6.35@54$	497	459.5	26.9	900
Ohno84l2	400	400	1 600	0.81	0.81	0	$\phi9@100$	362	325	24.8	127
Ohno84l3	400	400	1 600	0.81	0.81	0	$\phi9@100$	362	325	24.8	127
saatbg2	350	350	1 645	0.848	0.848	0.565	$\phi9.5@76$	455.6	570	34	1 782
saatbg3	350	350	1 645	0.848	0.848	0.565	$\phi9.5@76$	455.6	570	34	831
saatbg4	350	350	1 645	1.131	1.131	1.131	$\phi9.5@152$	455.6	570	34	1 923
saatbg5	350	350	1 645	1.131	1.131	1.131	$\phi9.5@76$	455.6	570	34	1 923
saatbg6	350	350	1 645	1.352	1.352	0	$\phi9.5@76$	477.8	570	34	1 900
saatbg7	350	350	1 645	1.12	1.12	1.12	$\phi6.6@76$	455.6	580	34	1 923
saatbg8	350	350	1 645	1.12	1.12	1.12	$\phi6.6@76$	455.6	580	34	961
saatbg9	350	350	1 645	1.124	1.124	1.499	$\phi6.6@76$	427.8	580	34	1 923
saatbg10	350	350	1 645	1.135	1.135	1.513	$\phi9.5@76$	427.8	570	34	1 923
Saatu3	350	350	1 000	1.379	1.379	0.919	$\phi10@75$	430	470	34.8	600

续表

试件名称	b(mm)	h(mm)	L(mm)	ρ(%)	ρ(%)	ρ_v(%)	箍筋配置	f_y (MPa)	f_yw (MPa)	f_c (MPa)	N (kN)
Saatu4	350	350	1 000	1.379	1.379	0.919	φ10@50	438	470	32	600
Saatu6	350	350	1 000	1.378	1.378	0.919	φ6.4@65	437	425	37.3	600
Saatu7	350	350	1 000	1.378	1.378	0.919	φ6.4@65	437	425	39	600
Takemura1	400	400	1 245	0.527	0.527	0.703	φ6@70	363	368	35.9	157
Takemura2	400	400	1 245	0.527	0.527	0.703	φ6@70	363	368	35.7	157
Takemura3	400	400	1 245	0.527	0.527	0.703	φ6@70	363	368	34.3	157
tana90u5	550	550	1 650	0.468	0.468	0.468	φ12@110	511	325	32	968
tana90u6	550	550	1 650	0.468	0.468	0.468	φ12@110	511	325	32	968
tana90u7	550	550	1 650	0.468	0.468	0.468	φ12@90	511	325	32.1	2 913
tana90u8	550	550	1 650	0.468	0.468	0.468	φ12@90	511	325	32.1	2 913
tana90u9	400	600	1 784	0.614	0.614	0.819	φ12@80	432	305	26.9	646
thom94a3	152.4	152.4	596.9	1.046	1.046	0.697	φ3.2@25.4	517.1	793	86.3	401
thom94c2	152.4	152.4	596.9	1.046	1.046	0.697	φ3.2@25.4	475.8	1262	74.6	173
thom94c3	152.4	152.4	596.9	1.046	1.046	0.697	φ3.2@25.4	475.8	1262	81.8	380
thom94d1	152.4	152.4	596.9	1.046	1.046	0.697	φ3.2@31.8	475.8	1262	75.8	352
thom94d2	152.4	152.4	596.9	1.046	1.046	0.697	φ3.2@38.1	475.8	1262	87	404
wehb98a1	380	610	2 335	0.532	0.532	1.33	φ6@110	448	428	27.2	615
wehb98a2	380	610	2 335	0.532	0.532	1.33	φ6@110	448	428	27.2	1 505
wehb98b1	380	610	2 335	0.529	0.529	1.323	φ6@83	448	428	28.1	601
wehb98b2	380	610	2 335	0.529	0.529	1.323	φ6@83	448	428	28.1	1 514
AngNo.3	400	400	1 600	0.565	0.565	0.565	φ12@100	427	320	23.6	1 435
AngNo.4	400	400	1 600	0.559	0.559	0.559	φ10@90	427	280	25	840
arakawa	250	250	375	0.355	0.355	0	φ5.5@32	392.8	323	20.6	429
AzNC2	457	457	1 372	0.845	0.845	0.56	φ12.7@102	439	454	39.3	1 690
GaBB1	250	250	1 140	2.49	2.49	2.49	φ8@100	430	430	80	1 000
GaBB2	250	250	1 140	2.49	2.49	2.49	φ8@100	430	430	80	1 000
GaleBB4	250	250	1 140	2.49	2.49	2.49	φ8@100	430	430	80	1 500

试件名称	b(mm)	h(mm)	L(mm)	ρ(%)	ρ(%)	ρ_v(%)	箍筋配置	f_y (MPa)	f_yw (MPa)	f_c (MPa)	N (kN)
GaBBAB	250	250	1 140	2.49	2.49	2.49	φ8@100	430	430	80	1 500
GaCA2	250	250	1 140	0.607	0.607	0.607	φ8@50	430	430	80	1 500
GaCB1	250	250	1 140	2.49	2.49	2.49	φ8@50	430	430	80	1 000
GaCB2	250	250	1 140	2.49	2.49	2.49	φ8@50	430	430	80	1 000
GaCB3	250	250	1 140	2.49	2.49	2.49	φ8@50	430	430	80	1 500
GaCB4	250	250	1 140	2.49	2.49	2.49	φ8@50	430	430	80	1 500
KaC-1	250	250	750	0.748	0.748	0.499	φ5.5@50	374	506	27.9	184
KaC-2	250	250	750	0.748	0.748	0.499	φ5.5@50	374	506	27.9	184
KaC-3	250	250	750	0.748	0.748	0.499	φ5.5@50	374	506	27.9	184
Puj225N	152.4	304.8	685.8	1.43	1.43	0	φ6.3@57.2	453	410.9	36.5	133
Puj225S	152.4	304.8	685.8	1.43	1.43	0	φ6.3@57.2	453	410.9	36.5	133
Puj2225N	152.4	304.8	685.8	1.43	1.43	0	φ6.3@57.2	453	410.9	34.9	133
Puj2225S	152.4	304.8	685.8	1.43	1.43	0	φ6.3@57.2	453	410.9	34.9	133
Puj2-3N	152.4	304.8	685.8	1.41	1.41	0	φ6.3@76.2	453	410.9	33.7	133
Puj2-3S	152.4	304.8	685.8	1.41	1.41	0	φ6.3@76.2	453	410.9	33.7	133
Puj3-1.5N	152.4	304.8	685.8	1.43	1.43	0	φ6.3@38.1	453	410.9	32.1	133
Puj3-1.5S	152.4	304.8	685.8	1.43	1.43	0	φ6.3@38.1	453	410.9	32.1	133
Puj2.25N	152.4	304.8	685.8	1.43	1.43	0	φ6.3@57.2	453	410.9	27.4	133
Puj2.25S	152.4	304.8	685.8	1.43	1.43	0	φ6.3@57.2	453	410.9	27.4	133
Puj3-3N	152.4	304.8	685.8	1.43	1.43	0	φ6.3@76.2	453	410.9	29.9	133
Puj23-3N	152.4	304.8	685.8	1.43	1.43	0	φ6.3@76.2	453	410.9	36.4	267
Puj23-3S	152.4	304.8	685.8	1.43	1.43	0	φ6.3@76.2	453	410.9	36.4	267
SoeNo.1	400	400	1 600	0.54	0.54	0.54	φ7@85	446	364	46.5	744
SoeNo.2	400	400	1600	0.54	0.54	0.54	φ8@78	446	360	44	2 112
Su15L	225	225	450	0.69	0.69	0.69	φ6.4@45	393	1424	118	2 089
Su20H	225	225	450	0.69	0.69	0.69	φ6.4@35	393	1424	118	3 579
Su20L	225	225	450	0.69	0.69	0.69	φ6.4@35	393	1424	118	2 089
TaNo.1	400	400	1 600	0.697	0.697	0.464	φ12@80	474	333	25.6	819
TaNo.2	400	400	1 600	0.697	0.697	0.464	φ12@80	474	333	25.6	819
TaNo.4	400	400	1 600	0.697	0.697	0.464	φ12@80	474	333	25.6	819
WatNo.5	400	400	1 600	0.54	0.54	0.54	φ8@81	474	372	41	3 280
WatNo.9	400	400	1 600	0.548	0.548	0.548	φ12@52	474	308	40	4 480

试件名称	$b(\mathrm{mm})$	$h(\mathrm{mm})$	$L(\mathrm{mm})$	$\rho(\%)$	$\rho'(\%)$	$\rho_v(\%)$	箍筋配置	f_y (MPa)	f_yw (MPa)	f_c (MPa)	N (kN)
X60.1P	254	254	508	1.05	1.05	0.698	$\phi9.3@51$	510	510	86	534
X60.2P	254	254	508	1.05	1.05	0.698	$\phi9.3@51$	510	510	86	1 068
X90.1P	254	254	508	1.52	1.52	1.02	$\phi9.3@51$	510	510	76	489
X90.2P	254	254	508	1.52	1.52	1.02	$\phi9.3@51$	510	510	76	979
ZaNo.7	400	400	1 600	0.545	0.545	0.545	$\phi10@117$	440	466	28.3	1 010
ZaNo.8	400	400	1 600	0.545	0.545	0.545	$\phi10@92$	440	466	40.1	2 502
Zhou08	160	160	320	0.964	0.964	0.643	$\phi5@40$	341	559	21.1	432

注:b、h 分别是柱截面的宽度和高度,L 为柱底至加载点的距离,ρ 为纵向受拉钢筋配筋率,ρ' 为纵向受压钢筋配筋率,ρ_v 为柱腹板纵向钢筋配筋率,f_y 为纵向钢筋屈服强度,f_{yw} 为箍筋屈服强度,f_c 为混凝土轴心抗压强度,N 为轴向压力。

3.3 修正后的双参数损伤模型

在 Park-Ang 损伤模型中,损伤指标 $D=1.0$ 表示构件处于极限破坏状态,令公式(3.1)等于 1.0 可得到构件极限破坏时的极限状态方程,变换形式后为:

$$\frac{\int dE}{Q_y\delta_u} = \frac{1}{\beta} - \frac{1}{\beta}\frac{\delta_m}{\delta_u} \tag{3.2}$$

上式的极限状态方程将结构构件的累积耗能表示为位移幅值的线性函数。在单调荷载作用下,当达到极限位移 δ_u 时,即 $\delta_m/\delta_u=1$,由公式(3.2)得到结构构件的累积耗能为零。然而实际结构构件在单调荷载作用下达到最大位移时耗散的能量并不为零,这与实际结构构件的结构性能不相一致。另外公式(3.1)第二项中以累积滞回耗能与屈服荷载和单调荷载作用下的极限位移的乘积的比值来考虑滞回耗能对损伤破坏的贡献,物理意义不明确。

为了克服以上问题,维持 Park-Ang 损伤模型中位移项和能量项线性叠加的基本形式不变,对这两项进行了参数修正,并以结构构件的累积滞回耗能与单调荷载作用下的塑性耗能的比值作为能量项,考察滞回耗能对损伤破坏的影响。构造配置良好的构件具有良好的弹塑性变形能力,基于理想弹塑性模型,其荷载—位移关系曲线可简化为图 3.1 所示形式:

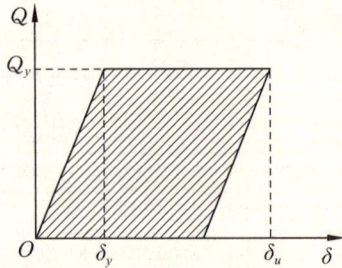

图 3.1　塑性耗能的确定

则构件的塑性耗能即为曲线所围面积（阴影部分面积）：

$$E = Q_y(\delta_u - \delta_y) \tag{3.3}$$

式（3.3）中 E 为累积耗能，δ_u 为单调荷载作用下的极限位移，δ_y 为屈服位移。

基于以上假定，本书定义单调荷载作用下构件的塑性耗能为 $Q_y(\delta_u - \delta_y)$，则修正后的损伤模型表达式为：

$$D_m = (1 - \beta_m)\frac{\delta_m}{\delta_u} + \beta_m \frac{\int dE}{Q_y(\delta_u - \delta_y)} \tag{3.4}$$

β_m 为修正后的组合系数，δ_y 为构件的屈服位移，其余参数意义同式（3.1）。修正后的损伤模型解决了上述出现的问题。

基于本书所选取的 102 个试验数据，以各构件达到极限破坏时对应的损伤指标等于 1.0，即令式（3.4）等于 1，反算修正后的双参数损伤模型中的组合系数，即：

$$\beta_m = \frac{1 - \delta_m/\delta_u}{\int dE / (Q_y(\delta_u - \delta_y)) - \delta_m/\delta_u} \tag{3.5}$$

对于构件的极限破坏点的确定，本书以构件所承受的水平力降至曾达到的最大水平力的 85% 作为构件破坏的标志，定义此时为构件的破坏点，对应的位移为循环荷载作用下的最大位移。本书按以下三种情况确定各构件的最大位移 δ_m：

1. 正、负向包络线均下降至最大承载力的 85% 时对应的位移为 Δ^+、Δ^-，选取其中较小值，即 $\delta_m = \min(\Delta^+, \Delta^-)$；

2. 正、负向包络线都没有下降至最大承载力的 85%，但实际试验情况认为构件已经达到足够的变形能力而破坏，取 Δ^+、Δ^- 的较大值，即 $\delta_m = \max(\Delta^+, \Delta^-)$；

3. 仅有一个方向包络线下降至最大承载力的 85%，即取该方向的位移值：$\delta_m = \Delta^+$ 或 $\delta_m = \Delta^-$。

式（3.4）中各构件对应的单调荷载作用下的极限位移 δ_u 按文献[53]建议的公式确定：

$$\delta_u = \theta_u H \tag{3.6}$$

式（3.6）中，H 为构件支座到侧向力作用点的距离；θ_u 为弦转角，按文献[53]通过

1 282个钢筋混凝土构件的试验结果得到的回归公式计算：

$$\theta_u = 0.025\ 4 \times 0.3^n \left[\frac{\max(0.01, \omega')}{\max(0.01, \omega)} f_c\right] \lambda^{0.425} 25^{\varphi_{sx} \frac{f_{yw}}{f_c}} \quad (3.7)$$

式(3.7)中，n 为轴压比；ω 和 ω' 分别是受拉和受压纵向钢筋的配筋特征值；f_c 为混凝土轴心抗压强度设计值；f_{yw} 为横向钢筋屈服强度；ρ_{sx} 为平行加载方向横向钢筋配箍率；λ 为构件的剪跨比；α 为有效约束系数，按 Sheikh 和 Uzumeri[54] 建议的公式计算：

$$\alpha = \left(1 - \frac{s_h}{2b_c}\right)\left(1 - \frac{s_h}{2h_c}\right)\left(1 - \frac{\sum b_i^2}{6b_c h_c}\right) \quad (3.8)$$

式(3.8)中，b_c 为箍筋中心线所围区域的宽度；h_c 为箍筋中心线所围区域的高度；b_i 为箍筋折角或135°弯钩有效约束的纵筋间距；s_h 为箍筋间距。

　　根据选取的102个试验数据，由式(3.5)得到的组合系数的平均值为0.031。图3.2给出了组合系数与轴压比、剪跨比、体积配箍率和纵筋配筋率的对应关系。由图3.2可知组合系数分布比较离散，与各参数之间没有明显的规律性关系，在保证精度和离散程度的前提下，不易得到组合系数的合理表达式。

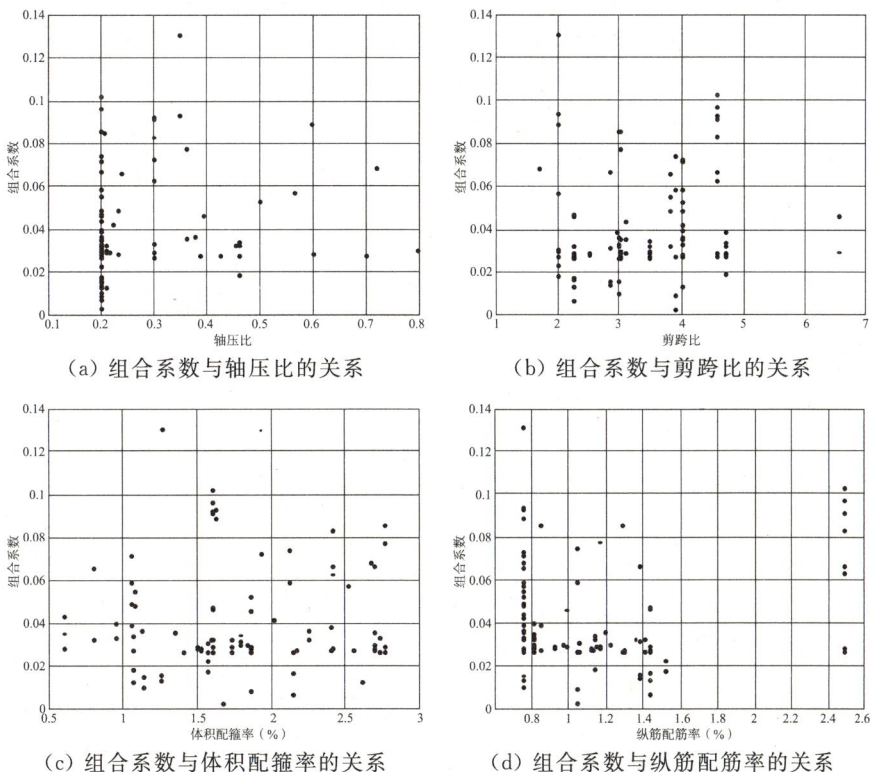

(a) 组合系数与轴压比的关系　　(b) 组合系数与剪跨比的关系

(c) 组合系数与体积配箍率的关系　　(d) 组合系数与纵筋配筋率的关系

图3.2　组合系数与各参数的相互关系

应用 Park-Ang 原型公式和本书修正后的计算公式,计算本书所选试验试件破坏时对应的损伤指标,以对比两者在评价构件损伤破坏时的差异及确定修正后的损伤模型的组合系数的合理取值,计算结果列于表 3.2。其中,D_m 为按式(3.4)确定的损伤指标值,组合系数取平均值 0.03;D_p 为按式(3.1)确定的损伤指标值,组合系数取为 Park-Ang 损伤模型的建议值 0.05。

从表 3.2 中的计算结果得到,按 Park-Ang 原型公式计算得到的损伤指标平均值为 1.11,标准差为 0.23,离散系数为 0.21。用本书提出的损伤模型公式计算得到的损伤指标平均值为 0.99,标准差为 0.18,离散系数为 0.18。

根据计算分析结果可知,按 Park-Ang 原型公式得到的构件破坏时对应的损伤指标平均值大于 1.00,离散系数为 0.21,计算结果偏大,离散程度较高;按修正后的损伤模型得到构件破坏时对应的损伤指标平均值为 0.99,离散系数为 0.18,在计算结果精度上有明显的改善,离散程度有所降低。

需要说明的是,通过采用不同的组合系数按式(3.4)计算得到的试件破坏时对应的损伤指标中,以组合系数取平均值 0.03 时得到的结果在精度和离散性上比较理想。为了方便使用,本书建议对于构造良好的构件,组合系数取为常量 0.03,即修正后的双参数损伤模型变为:

$$D_m = 0.97 \times \frac{\delta_m}{\delta_u} + 0.03 \times \frac{\int d\varepsilon}{Q_y(\delta_u - \delta_y)} \qquad (3.9)$$

表 3.2　构件破坏时对应的损伤指标计算结果

试件名称	D_m	D_p	$D_\delta/D(\%)$	$D_E/D(\%)$
P806040	0.94	1.03	85.79	14.21
P1006015	1.05	1.19	72.83	27.17
D1N30	0.87	0.96	81.87	18.14
D1N60	0.99	1.06	76.78	23.22
L1N60	0.86	0.93	83.07	16.93
mat520n	0.88	0.94	86.34	13.66
mat520s	0.80	0.84	89.89	10.11
mat540n	0.85	0.90	89.16	10.84
mat540s	0.86	0.88	86.78	13.22
mat1005n	0.88	0.95	83.62	16.38
mat1005s	0.88	0.95	83.67	16.34

续表

试件名称	D_m	D_p	$D_\delta/D(\%)$	$D_E/D(\%)$
mat1010n	1.01	1.13	76.15	23.85
mat1010s	1.07	1.21	73.36	26.64
mat1020n	0.90	0.95	83.39	16.61
mat1020s	0.91	0.95	82.92	17.08
moc11	1.07	1.23	68.72	31.28
moc12	1.26	1.47	60.36	39.64
moc13	1.09	1.24	72.21	27.79
moc21	1.22	1.44	63.18	36.82
moc22	1.24	1.50	61.04	38.96
moc23	0.96	1.10	73.82	26.18
moc31	1.36	1.62	56.83	43.17
moc32	1.47	1.70	51.11	48.89
moc33	0.95	1.12	69.24	30.77
Ohno84l2	1.16	1.38	64.56	35.44
Ohno84l3	1.12	1.34	65.19	34.81
saatbg2	0.77	0.85	81.78	18.22
saatbg3	1.11	1.31	68.77	31.23
saatbg4	0.97	1.00	79.34	20.66
saatbg5	1.13	1.31	70.46	29.54
saatbg6	0.97	1.12	73.44	26.56
saatbg7	1.12	1.27	68.89	31.11
saatbg8	1.12	1.30	67.29	32.71
saatbg9	1.09	1.22	73.35	26.65
saatbg10	1.16	1.36	68.70	31.30
Saatu3	0.85	0.88	85.34	14.66
Saatu4	0.85	0.99	73.66	26.34
Saatu6	1.19	1.40	66.12	33.88

试件名称	D_m	D_p	$D_\delta/D(\%)$	$D_E/D(\%)$
Saatu7	1.17	1.39	65.74	34.26
Takemura1	1.09	1.29	67.62	32.39
Takemura2	0.96	1.07	77.53	22.47
Takemura3	0.93	1.02	85.76	14.24
tana90u5	0.86	0.95	84.71	15.29
tana90u6	0.86	0.99	75.43	24.57
tana90u7	0.77	0.84	88.43	11.57
tana90u8	0.90	0.99	79.12	20.88
tana90u9	1.01	1.16	76.17	23.83
thom94a3	1.39	1.59	56.09	43.91
thom94c2	0.78	0.90	75.90	24.10
thom94c3	0.91	0.99	82.87	17.14
thom94d1	1.49	1.66	52.35	47.65
thom94d2	0.99	1.07	78.09	21.91
wehb98a1	0.95	1.04	83.51	16.49
wehb98a2	0.82	0.91	78.15	21.85
wehb98b1	0.80	0.92	76.14	23.86
wehb98b2	0.84	0.95	76.62	23.38
AngNo.3	0.95	1.03	81.57	18.43
AngNo.4	0.70	0.78	82.26	17.74
arakawa	0.83	0.89	83.14	16.86
AzNC2	0.76	0.85	77.53	22.47
GaBB1	0.82	0.89	85.12	14.88
GaBB2	0.93	1.00	86.19	13.81
GaleBB4	0.95	1.03	84.22	15.78
GaBBAB	0.88	0.93	84.69	15.31
GaCA2	0.86	0.93	84.99	15.01

续表

试件名称	D_m	D_p	$D_\delta/D(\%)$	$D_E/D(\%)$
GaCB1	0.81	0.91	78.24	21.76
GaCB2	0.80	0.89	81.55	18.45
GaCB3	0.98	1.07	79.93	20.07
GaCB4	0.75	0.81	79.41	20.59
KaC-1	1.07	1.25	72.99	27.01
KaC-2	1.20	1.43	65.70	34.30
KaC-3	1.07	1.25	72.99	27.01
Puj225N	1.37	1.56	58.01	41.99
Puj225S	1.22	1.40	60.28	39.72
Puj2225N	1.21	1.38	60.96	39.05
Puj2225S	1.22	1.39	60.53	39.47
Puj2-3N	0.94	1.02	76.35	23.65
Puj2-3S	1.12	1.17	66.09	33.91
Puj3-1.5N	1.19	1.39	62.07	37.93
Puj3-1.5S	1.38	1.61	57.54	42.46
Puj2.25N	1.21	1.36	61.04	38.96
Puj2.25S	1.28	1.44	58.84	41.16
Puj3-3N	0.86	0.93	80.21	19.79
Puj23-3N	1.11	1.19	69.48	30.52
Puj23-3S	0.86	0.95	78.77	21.24
SoeNo.1	0.91	1.03	78.94	21.06
SoeNo.2	0.88	0.95	87.75	12.25
Su15L	0.80	0.86	88.56	11.45
Su20H	0.87	0.95	87.35	12.65
Su20L	0.76	0.83	87.21	12.79
TaNo.1	0.82	0.92	77.65	22.35
TaNo.2	0.85	0.95	78.53	21.47

续表

试件名称	D_m	D_p	$D_\delta/D(\%)$	$D_E/D(\%)$
TaNo.4	0.77	0.88	78.30	21.70
WatNo.5	0.83	0.88	76.76	23.24
WatNo.9	1.00	1.11	76.43	23.57
X60.1P	0.99	1.14	73.31	26.69
X60.2P	0.85	0.94	77.87	22.14
X90.1P	1.10	1.27	70.42	29.58
X90.2P	1.13	1.29	68.52	31.48
ZaNo.7	0.96	1.06	83.91	16.09
ZaNo.8	0.90	0.97	78.84	21.16
Zhou08	0.88	0.91	87.80	12.20

注:D_m 为按式(3.4)确定的损伤指标值,组合系数取常量 0.03;D_p 为按式(3.1)确定的损伤指标值,组合系数取建议值 0.05;D_δ/D 和 D_E/D 分别为按式(3.4)得到的损伤指标中的位移项比重和能量项比重。

采用本书建议式(3.9)分别计算所选试验构件破坏时对应的损伤指标中的位移项比重(位移项对损伤指标的贡献比率)和能量项比重(能量项对损伤指标的贡献比率),以考察损伤模型中位移项和能量项对损伤指标的影响程度。计算结果列于表 3.2,其中 D_δ/D 和 D_E/D 分别为位移项比重和能量项比重。

图 3.3 给出了位移项和能量项在损伤指标中所占比重的分布情况。损伤指标中的位移项比重在 50%～90% 范围内,平均值为 75%;能量项比重在 10%～50% 范围内,平均值为 25%。与能量项相比,位移项对损伤指标的影响程度比较大,但是能量项对损伤指标的影响也不能忽略。

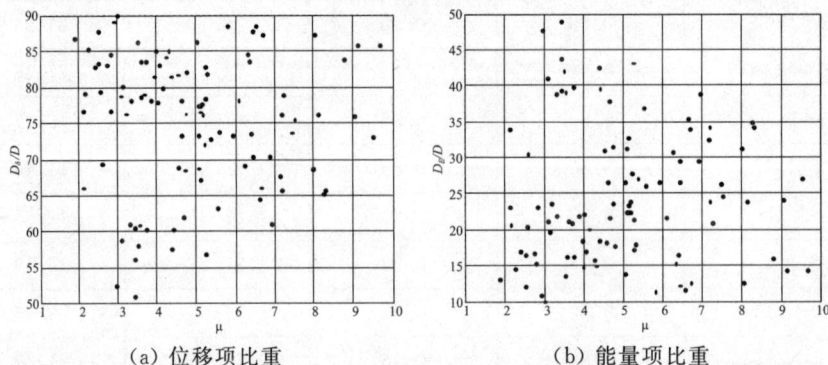

(a) 位移项比重　　　　(b) 能量项比重

图 3.3　位移项和能量项对损伤指标的影响

3.4　本章小结

（1）基于选定的 PEER 数据库中的试验数据，对 Park-Ang 双参数损伤模型进行了修正，并分别研究了组合系数与轴压比、剪跨比、体积配箍率和纵筋配筋率的相互关系。在保证精度和离散程度的前提下，为了方便使用，本书建议对于延性较好的构件，组合系数取 0.03。

（2）计算结果表明，与 Park-Ang 双参数损伤模型相比较，修正后的损伤模型对构件破坏的总体预测水平有所提高，离散程度略有降低。

（3）与能量项相比，位移项对损伤指标的影响程度比较大，但是能量项对损伤指标的影响也不能忽略。

第四章 钢筋混凝土框架结构抗震性能等级的划分

钢筋混凝土框架结构基于性能的抗震设计以在建筑物整个寿命期内将结构在地震作用下的破损程度控制在预期目标范围内,同时保证抗震所需要的费用最低为目标。由于地震动的随机性和结构性质(如材料、几何参数)的不确定性,问题在于选取何种反应量以正确反映地震动引起的结构损伤并对其进行损伤评价。为了把基于性能的抗震设计理论与我国现行抗震设计规范相结合,本书从结构构件层次和结构楼层的层次分别确定量化抗震性能等级的性能指标,建立钢筋混凝土框架结构的抗震性能等级。

4.1 结构的破坏状态

建筑结构破坏的特征是承载力极限状态下继续施加荷载导致建筑结构构件出现大裂缝、掉渣、松动、垮塌。

倒塌是连续性倒塌的简称,属现代土木工程领域,指建筑结构外因偶然荷载造成结构局部破坏失效,继而引起失效破坏构件相连的构件连续破坏,最终导致相对于初始局部破坏更大范围的倒塌破坏。钢筋混凝土的破坏也是承载力极限状态,但是这种结构的特性是延性破坏,具有一定的征兆,在破坏即将来临的那一刻可以给人提示,如结构构件出现裂缝,让人可以有充足的时间逃离危险。不像砌体结构和素混凝土结构的建筑,是一瞬间倒塌,人员根本无法意识到,逃离的时间也没有,很容易致人伤亡。这也是现在高层普遍用钢筋混凝土结构的道理。

结构或构件的破坏通常是指结构或构件在地震作用下不同阶段发生的现象,如混凝土开裂,塑性铰的出现、结构倒塌等。结构的破坏状态取决于结构的地震反应是否超过某个容许值。

结构的破坏状态通常以结构的抵抗外部作用的能力 R 与结构的反应量 S 的关系来确定。现以二态和五态破坏准则对结构的破坏进行简要说明。

二态破坏准则可以表示为:

$$\left. \begin{array}{ll} S \leqslant R & (完好) \\ S > R & (破坏) \end{array} \right\} \tag{4.1}$$

五态破坏准则可以表示为:

$$\left.\begin{array}{ll} S \leqslant R_0 & \text{（完好）} \\ R_0 < S \leqslant R_1 & \text{（轻微破坏）} \\ R_1 < S \leqslant R_2 & \text{（中等破坏）} \\ R_2 < S \leqslant R_3 & \text{（严重破坏）} \\ S > R_3 & \text{（完全破坏）} \end{array}\right\} \qquad (4.2)$$

在二态破坏准则中，只有一种破坏状态；在五态破坏准则中，则有四种破坏状态，均由结构的能力 R_i 确定。根据结构能力与结构反应的关系，可以建立不同的多态破坏准则，将结构划分为不同的破坏状态。其中最简单的是二态准则，假设结构只有完好和破坏两种状态，未能区分破坏的轻重，不符合结构损伤评估的要求。我国建筑结构抗震设计规范[55]中提出的抗震设计原则"小震不坏，中震可修，大震不倒"为一种四态破坏准则。

4.2 抗震性能等级的划分

抗震性能等级实际上就是对结构限定的破坏状态。每级性能等级都规定了结构系统与非结构系统的限定破坏程度。根据建筑抗震鉴定标准[56]、建筑抗震加固技术规程[57]中对钢筋混凝土结构综合抗震能力等级及加固修复的难易程度和技术的相应规定，同时参考已有研究成果[58,59]，本书将钢筋混凝土结构抗震性能等级划分为五个等级：

（1）基本完好：此水平与抗震规范中"小震不坏"相一致，此阶段结构基本没有损伤，也就是说结构在使用角度和安全角度上不需要任何修复，宏观现象上表现为构件表面出现微细裂缝，结构处于基本弹性状态。

（2）轻微破坏：在此阶段结构体系或非结构体系受到了轻微的损伤，主要功能没有受到破坏，不影响正常使用，对产生的损伤只要进行轻微修复即可。

（3）中等破坏：结构体系和非结构体系都产生了明显损伤，主要功能受到影响，只有经过修复后才可以保证其功能上的连续性和完整性，这种修复在经济上和人力上是可以接受的。

（4）严重破坏：这个水平与抗震规范中"大震不倒"相对应。在此阶段结构体系发生较大损伤但不倒塌，无法保证结构功能的继续使用，对结构的修复在经济上和人力上是不可接受的。

（5）倒塌：结构承重体系已破坏，结构功能完全丧失。

轻微破坏和中等破坏对应于抗震规范中的"中震可修"细化后的两个等级。

本书以结构构件损伤特征点（开裂、屈服、最大荷载和极限位移）作为划分性能等级的控制点，结合损伤指标和层间位移角，从结构构件和结构楼层两个层次对结构抗震性能等级进行量化。

4.2.1 从结构构件层次对性能等级的量化

结构构件的损伤破坏是影响整体结构安全性的最主要因素,结构的损伤破坏最终反映到结构构件的损伤破坏,而结构构件的损伤程度可以通过损伤指标进行评价。基于此,本书以表征结构构件损伤程度的损伤指标作为性能指标,从结构构件层次对抗震性能等级进行量化。

采用修正后的双参数损伤模型计算所选取的 102 个试验构件的损伤特征点对应的损伤指标,从结构构件层次量化抗震性能等级。本书以各试件荷载—位移骨架曲线上的第一个比较明显的拐点作为试件的开裂点;各试件的屈服点采用 Park 提出的方法[60]确定;最大荷载点为骨架曲线的荷载峰值点;极限破坏点按本书第三章的规定进行确定。

表 4.1 给出了各试件损伤特征点对应的损伤指标的计算结果。从表中可得到开裂点对应的损伤指标平均值为 0.05,标准差为 0.01;屈服点对应的损伤指标平均值为 0.18,标准差为 0.08;最大荷载点对应的损伤指标平均值为 0.41,标准差为 0.09;极限位移点对应的损伤指标平均值为 0.99,标准差为 0.18。

根据损伤指标计算结果,本书拟定对应于各性能等级的损伤指标限值如表 4.2 所示。

表 4.1 构件损伤特征点对应的损伤指标值

试件名	D_{cr}	D_y	D_{max}	D_u
P806040	0.06	0.09	0.28	0.94
P1006015	0.02	0.15	0.35	1.05
D1N30	0.05	0.14	0.60	0.87
D1N60	0.09	0.29	0.28	0.99
L1N60	0.12	0.19	0.36	0.86
mat520n	0.08	0.22	0.36	0.88
mat520s	0.05	0.25	0.40	0.80
mat540n	0.06	0.27	0.57	0.85
mat540s	0.12	0.41	0.57	0.86
mat1005n	0.09	0.21	0.39	0.88
mat1005s	0.08	0.20	0.39	0.88
mat1010n	0.02	0.15	0.32	1.01
mat1010s	0.03	0.16	0.32	1.07

续表

试件名	D_{cr}	D_y	$D_{\max}$	D_u
mat1020n	0.04	0.31	0.40	0.90
mat1020s	0.06	0.33	0.41	0.91
moc11	0.02	0.15	0.33	1.07
moc12	0.09	0.19	0.55	1.26
moc13	0.02	0.16	0.36	1.09
moc21	0.04	0.15	0.32	1.22
moc22	0.03	0.11	0.36	1.24
moc23	0.01	0.13	0.41	0.96
moc31	0.02	0.15	0.35	1.36
moc32	0.03	0.23	0.43	1.47
moc33	0.03	0.11	0.63	0.95
Ohno84l2	0.03	0.12	0.31	1.16
Ohno84l3	0.03	0.09	0.38	1.12
saatbg2	0.09	0.15	0.30	0.77
saatbg3	0.05	0.10	0.36	1.11
saatbg4	0.15	0.41	0.50	0.97
saatbg5	0.05	0.12	0.41	1.13
saatbg6	0.05	0.12	0.41	0.97
saatbg7	0.04	0.19	0.28	1.12
saatbg8	0.05	0.16	0.37	1.12
saatbg9	0.02	0.19	0.28	1.09
saatbg10	0.04	0.11	0.36	1.16
Saatu3	0.03	0.33	0.56	0.85
Saatu4	0.02	0.09	0.58	0.85
Saatu6	0.02	0.12	0.48	1.19
Saatu7	0.02	0.11	0.49	1.17
Takemura1	0.05	0.11	0.32	1.09

续表

试件名	D_{cr}	D_y	D_{max}	D_u
Takemura2	0.07	0.15	0.31	0.96
Takemura3	0.05	0.09	0.48	0.93
tana90u5	0.08	0.12	0.53	0.86
tana90u6	0.01	0.09	0.36	0.86
tana90u7	0.05	0.11	0.57	0.77
tana90u8	0.06	0.20	0.41	0.90
tana90u9	0.01	0.10	0.31	1.01
thom94a3	0.03	0.24	0.55	1.39
thom94c2	0.03	0.07	0.29	0.78
thom94c3	0.01	0.15	0.40	0.91
thom94d1	0.01	0.29	0.51	1.49
thom94d2	0.09	0.25	0.48	0.99
wehb98a1	0.09	0.13	0.41	0.95
wehb98a2	0.14	0.17	0.48	0.82
wehb98b1	0.03	0.09	0.59	0.80
wehb98b2	0.05	0.13	0.35	0.84
AngNo. 3	0.01	0.21	0.32	0.95
AngNo. 4	0.01	0.13	0.42	0.70
arakawa	0.12	0.26	0.42	0.83
AzNC2	0.02	0.12	0.36	0.76
GaBB1	0.07	0.18	0.37	0.82
GaBB2	0.05	0.16	0.36	0.93
GaleBB4	0.06	0.19	0.35	0.95
GaBBAB	0.08	0.27	0.50	0.88
GaCA2	0.05	0.17	0.35	0.86
GaCB1	0.06	0.14	0.46	0.81
GaCB2	0.05	0.15	0.44	0.80

续表

试件名	D_{cr}	D_y	D_{max}	D_u
GaCB3	0.05	0.19	0.41	0.98
GaCB4	0.11	0.24	0.33	0.75
KaC-1	0.01	0.09	0.40	1.07
KaC-2	0.07	0.10	0.36	1.20
KaC-3	0.01	0.09	0.40	1.07
Puj225N	0.03	0.23	0.30	1.37
Puj225S	0.02	0.20	0.51	1.22
Puj2225N	0.05	0.21	0.43	1.21
Puj2225S	0.05	0.22	0.46	1.22
Puj2-3N	0.05	0.23	0.41	0.94
Puj2-3S	0.06	0.36	0.56	1.12
Puj3-1.5N	0.03	0.16	0.53	1.19
Puj3-1.5S	0.03	0.18	0.54	1.38
Puj2.25N	0.04	0.23	0.47	1.21
Puj2.25S	0.04	0.25	0.51	1.28
Puj3-3N	0.03	0.23	0.56	0.86
Puj23-3N	0.03	0.31	0.57	1.11
Puj23-3S	0.01	0.19	0.31	0.86
SoeNo.1	0.03	0.10	0.48	0.91
SoeNo.2	0.02	0.12	0.39	0.88
Su15L	0.02	0.13	0.28	0.80
Su20H	0.06	0.10	0.30	0.87
Su20L	0.03	0.10	0.43	0.76
TaNo.1	0.01	0.13	0.35	0.82
TaNo.2	0.00	0.13	0.36	0.85
TaNo.4	0.03	0.10	0.46	0.77
WatNo.5	0.14	0.32	0.52	0.83

试件名	D_{cr}	D_y	D_{max}	D_u
WatNo.9	0.13	0.18	0.27	1.00
X60.1P	0.03	0.13	0.29	0.99
X60.2P	0.06	0.17	0.38	0.85
X90.1P	0.07	0.13	0.40	1.10
X90.2P	0.01	0.17	0.46	1.13
ZaNo.7	0.01	0.09	0.30	0.96
ZaNo.8	0.03	0.24	0.59	0.90
Zhou08	0.05	0.32	0.41	0.88

表中：D_{cr}、D_y、D_{max}、D_u 分别是开裂点、屈服点、最大荷载点和极限位移点对应的损伤指标值。

表 4.2　对应各性能等级的损伤指标限值

基本完好	轻微破坏	中等破坏	严重破坏	倒塌
$D \leqslant 0.05$	$0.05 < D \leqslant 0.20$	$0.20 < D \leqslant 0.45$	$0.45 < D \leqslant 1.00$	$D > 1.00$

4.2.2　从结构楼层的层次对抗震性能等级的量化

当钢筋混凝土框架结构进入弹塑性状态以后，位移的增长趋势比力的增长大得多，甚至会出现力的下降段（承载力退化）。显然此时用与变形相关的量来描述结构的性能状态是比较合理的。非结构构件作为建筑物的重要组成部分，对建筑的正常运行影响较大，幕墙、填充墙等主要非结构构件的破坏与层间位移密切相关。试验研究表明，层间位移角能够反映钢筋混凝土结构楼层间各构件变形的综合效应，并且与结构的破坏程度有较大的相关性。

结构的层间位移角为现行建筑抗震规范所采用，并且为广大结构工程师所熟悉和掌握，本书以采用层间位移角作为结构楼层层次的性能指标对抗震性能等级进行量化。

对于层间位移角限值，各国规范有着不同的规定，美国 FEMA273[61,62] 建议的部分建筑结构层间位移角限值见表 4.3。美国 SEAOC 的 Vision2000 委员会[63] 建议的建筑结构在不同性能水平下的层间位移要求见表 4.4。日本建筑标准法（BSL）[64] 采用两水准抗震设防，在中等强度地震作用下验算结构的弹性层间位移，位移角限值为 1/200；在强震作用下进行弹塑性变形验算，弹塑性层间位移角限值为 1/100。

表 4.3　FEMA273 建议的结构层间位移角限值

变形状态	各性能水平下层间位移角限值		
	立即居住	生命安全	防止倒塌
振动过程变形	1/100	1/50	1/25
永久变形	可忽略	1/100	1/25

表 4.4　Vision2000 建议的层间位移角限值

破坏状态	没有破坏	可修复	不可修复	严重破坏
最大侧移	1/500	1/200	1/67	1/40

参考我国现行建筑结构抗震规范[55]及国外抗震规范和已有研究成果[65,66]，本书拟定钢筋混凝土框架结构对应于各性能等级的层间位移角限值如表 4.5 所示。

表 4.5　钢筋混凝土框架结构层间位移角 θ 限值

基本完好	轻微破坏	中等破坏	严重破坏	倒塌
$\theta \leqslant 1/550$	$1/550 < \theta \leqslant 1/250$	$1/250 < \theta \leqslant 1/100$	$1/100 < \theta \leqslant 1/50$	$\theta > 1/50$

4.2.3　钢筋混凝土框架结构抗震性能等级的确定

本书以损伤指标和层间位移角为主要性能指标，建立了钢筋混凝土框架结构的抗震性能等级，见表 4.6。

表 4.6　钢筋混凝土框架结构性能等级

	性能等级	功能状况	损伤指标 D	层间位移角 θ	具体损伤状态	
					钢筋	混凝土
	基本完好	功能完好,可继续正常使用	$D \leqslant 0.05$	$\theta \leqslant 1/550$	弹性	基本弹性
使用界限→	轻微破坏	主要功能完好,简单修复后可正常使用	$0.05 < D \leqslant 0.20$	$1/550 < \theta \leqslant 1/250$	屈服	砼保护层没有压碎
修复界限Ⅰ→	中等破坏	主要功能受损,修复后可正常使用	$0.20 < D \leqslant 0.45$	$1/250 < \theta \leqslant 1/100$	没有压屈和断裂	核心砼完好
修复界限Ⅱ→	严重破坏	安全能够保证,难以修复	$0.45 < D \leqslant 1.0$	$1/100 < \theta \leqslant 1/50$	没有压屈和断裂	核心砼受损
安全界限→	倒塌	结构功能完全丧失	$D > 1.0$	$\theta > 1/50$	压屈或断裂	核心砼破坏

根据建立的抗震性能等级,确定了钢筋混凝土框架结构的四个界限状态：

使用界限:结构基本上没有损伤,处于基本弹性状态,对应于第一级性能等级的上限。

修复界限Ⅰ:结构的主要功能没有受到破坏,不影响正常使用,只需简单修复即可,这种修复在经济和时间上是完全可以接受的,对应于第二级性能等级的上限。

修复界限Ⅱ:结构的主要功能受到影响,只有经过修复才可保证建筑功能上的连续性和完整性。结构的修复在经济和人力上是可以接受的,对应于第三级性能等级的上限。

安全界限:结构的功能受到严重破坏,难以修复,但完全能够保证生命安全和财产安全,对应于第四级性能等级的上限。

4.3 本章小结

(1)基于 PEER 数据库中所选取的 102 个试验数据,采用修正后的双参数损伤模型,计算各构件损伤特征点对应的损伤指标,以表征结构构件在地震作用下的损伤程度。

(2)参考我国现行结构抗震规范和国外抗震规范对层间位移角限值的规定以及现有研究成果,确定层间位移角限值,从结构楼层的层次量化结构的损伤程度。

(3)以损伤指标和层间位移角作为主要性能指标,将钢筋混凝土框架结构的抗震性能等级划定了五个等级:基本完好、轻微破坏、中等破坏、严重破坏和倒塌。

第五章　钢筋混凝土构件地震损伤机理试验研究

5.1　概述

建筑结构抗震研究要求结构物在模拟地震的荷载作用下进行试验,以观测结构的强度、变形、非线性能和结构的实际破坏状态。结构抗震性能研究的主要试验手段包括周期性反复加载静力试验(伪静力试验)、伪动力试验和振动台试验。

伪动力试验的目的:一是确定结构线性动力特性,即结构在弹性阶段变形比较小的情况下自振周期、振型、能量耗散和阻尼值;二是研究结构的非线性性能,如结构进入非线性阶段的能量耗散、滞回特性、延性性能、破坏机理和破坏特征。

结构抗震动力试验可以区分为周期性和非周期性的动力加载试验。在结构抗震动力试验中,由于周期性的动力加载比较容易实现,目前在实际试验中应用得比较普遍,如采用偏心激振器、电液伺服加载器及单向周期性振动台等加载设备均能较好地满足试验要求。

振动台实验是为了更好地反映结构受地震作用的动力性能,采用模拟地震的非周期性动力加载试验,更接近于结构受地震动力作用的工作状态。这样,在结构抗震试验中,非周期性的动力加载试验具有更大的意义。目前进行非周期性动力加载试验的方法主要有模拟地震振动台试验、人工地震试验和天然地震试验。

周期性的反复静力加载试验是 20 世纪 50 年代后期为确定构件或结构的恢复力模型开始进行的。由于试验所得荷载—位移关系曲线反映结构耗能能力的强弱,且在试验过程中可以细致观察并研究结构损伤破坏机理,所以这种试验方式在研究新型材料、新型构件或结构的非线性性能、能量耗散特性、极限破坏机理等方面发挥着重要的作用。

周期性反复加载试验装置的基本组成部分是:反力装置(反力墙或反力支架)、加载器(单向或双向液压千斤顶或液压伺服加载器)和试验台座。

周期性反复加载试验的优点是,在试验过程中可以随时观察结构损伤破坏现象,便于检验校核试验数据和仪器的工作情况,并可按试验需要修正和改变加载历程。其不足之处在于试验的加载历程是事先由研究者主观确定的,与地震记录没有直接的关系,由于荷载是按力和位移对称反复施加,与确定性的非线性地震反应相差很远,不能反映出应变速率对结构的影响。有资料表明,结构动力试验中荷载或应变速度对结构刚性、延性和能量耗散的影响不大,但高速率会增大结构的屈服强度,采用低周反复加载试验的方法来模拟动力试验时,对试验结果是偏于安全的[67]。

单向反复加载试验加载制度的基本类型[68]如图 5.1 所示。不同的试验目的须选用不同的加载制度。例如,以建立恢复力模型为目的的试验宜选用变幅变位移加载方式(图 5.1a);而以建立极限破坏荷载计算公式或研究构件破坏机制的试验则宜选用具有 2～3 次等幅加载的混合加载制度(图 5.1b);在研究屈服后的滞回耗能机制时,则可采用图 5.1c 所示的混合加载制度。不同的加载制度对耗能能力的反应是不同的。

为了反映多维地震波作用下的结构构件特性,近年来发展了双向反复静力试验技术。由于结构非线性变形特征与加载路径有关,所以双向加载制度存在不同的加载路径选择。

5.2 试验概述

本试验为对比验证性试验,考察对象为钢筋混凝土构件(梁、柱)。主要研究轴压比、配箍率、剪跨比、纵筋配筋率等因素对构件抗震性能的影响,对比研究钢筋混凝土框架柱在非抗震设计与抗震设计情况下的损伤破坏机理,以及开裂、屈服、破坏直至倒塌的物理过程。

5.2.1 试验依据

本试验主要研究钢筋混凝土框架柱、梁的抗震性能,并考虑设计年代参考的规范标准,以研究多龄期建筑结构抗震性能。试件的设计制作和试验方法参考的主要依据包括:

《混凝土结构设计规范》(GB50010-2010);

《混凝土结构设计规范》(GB50010-2002);

《混凝土结构设计规范》(GBJ10-89);

《钢筋混凝土结构设计规范》(TJ10-74);

《建筑抗震设计规范》(GB50011-2010);

《建筑抗震设计规范》(GB50011-2001);

《建筑抗震设计规范》(GBJ11-89);

《工业与民用建筑抗震设计规范》(TJ11-78);

《建筑抗震试验方法规程》(JGJ101-96);

（a）变幅变位移加载

（b）混合加载制度

（c）混合加载制度

（d）变力加载制度

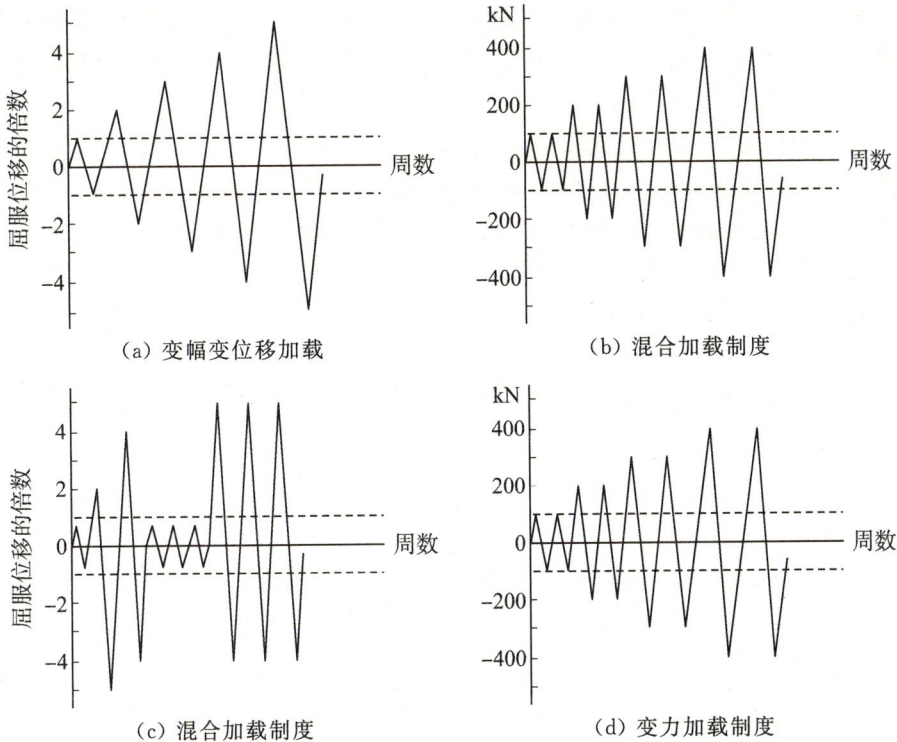

图 5.1　一维加载制度

5.2.2　参数设计及试件制作

本书共进行了 12 根柱和 3 根梁的试验,其中对 2 根柱试件进行了单调加载试验,以确定柱的极限承载能力。

根据现有的设计规范及实际工程设计经验,确定各设计参数的取值。

基于不同年代国家规范和标准的不同,从多龄期工程设计实际出发,试验中混凝土设计强度等级为 C25,纵向钢筋采用 HRB335 级钢筋,箍筋采用 HPB235 级钢筋。所有柱横截面均相同,为正方形截面,截面尺寸为 $b×h=250$ mm×250 mm,采用对称配筋。梁横截面为矩形截面,截面尺寸为 $b×h=200$ mm×400 mm,采用非对称配筋。柱设计轴压比取为 0.1、0.3、0.5 和 0.7 四级,梁不施加轴力。剪跨比采用 3、5、7 三级。柱体积配箍率采用 0.23%、0.83%、1.46% 和 2.15% 四级,梁的配箍率采用 0.50% 和 1.00% 二级。柱纵向钢筋配筋率采用 1.00% 和 1.97% 二级,梁纵筋配筋率采用 1.84%（上）+0.95%（下）和 0.95%（上）+0.50%（下）。试件具体配置信息见表 5.1,试件截面配筋施工图见图 5.2。

试件制作前,对各构件的受力钢筋进行贴置应变片。具体做法是:先在钢筋表面标定应变片位置,经打磨除锈后,用丙酮擦拭钢筋表面,沾少量 502 强力胶将应变片(连外接导线)粘贴于相应位置,然后对外接导线和应变片连接处进行密封处理,通常使用硫化硅橡胶系列胶粘剂(如 703 胶),最后对应变片布置处用环氧树脂密封,如图 5.3 所示。

试件制作时,首先组装底座模板,然后依次进行底座、钢筋混凝土柱、梁及各试件加载梁的钢筋绑扎,对纵向钢筋进行应变片编号,组装模板,浇筑底座、钢筋混凝土梁、柱及加载梁的混凝土。为防止分段浇筑时构件与底座连接处出现薄弱部位,所有试件进行整体式浇筑,边浇筑边振捣密实,防止出现蜂窝麻面现象。钢筋绑扎及模板支护详见图 5.4。

表 5.1　各构件基本参数信息

试件号	截面尺寸	轴压比	剪跨比	箍筋配置	纵筋配置	配箍率%	纵筋配筋率%
C301	250×250	0.1	3	A6.5@40	8B14	1.46	1.97
C303	250×250	0.3	3	A6.5@40	8B14	1.46	1.97
C305	250×250	0.5	3	A6.5@40	8B14	1.46	1.97
C307	250×250	0.7	3	A6.5@40	8B14	1.46	1.97
C505	250×250	0.5	5	A6.5@40	8B14	1.46	1.97
C705	250×250	0.5	7	A6.5@40	8B14	1.46	1.97
C505S	250×250	0.5	5	A6.5@70	8B14	0.83	1.97
C505D	250×250	0.5	5	A8@40	8B14	2.15	1.97
C305L	250×250	0.5	3	A6.5@40	8B10	1.46	1.00
C505C	250×250	0.5	5	A6.5@250	8B14	0.23	1.97
B22S	200×400	0.0	4.8	A8@100	2B22+2B16	0.50	0.95+0.50
B25	200×400	0.0	4.8	A8@100	3B25+2B22	0.50	1.94+0.95
B22	200×400	0.0	4.8	A8@50	2B22+2B16	1.00	0.95+0.50

注:a. 试件编号中 C 代表柱试件,其中第二个数字表示柱的剪跨比,第三四个数字代表轴压比,第五个字母 D、L、C 分别表示变化箍筋直径、变化纵筋直径和非抗震设计的柱。

b. 试件编号中 B 代表梁试件,后面数字代表纵向钢筋直径,其中字母 S 表示变化箍筋间距。

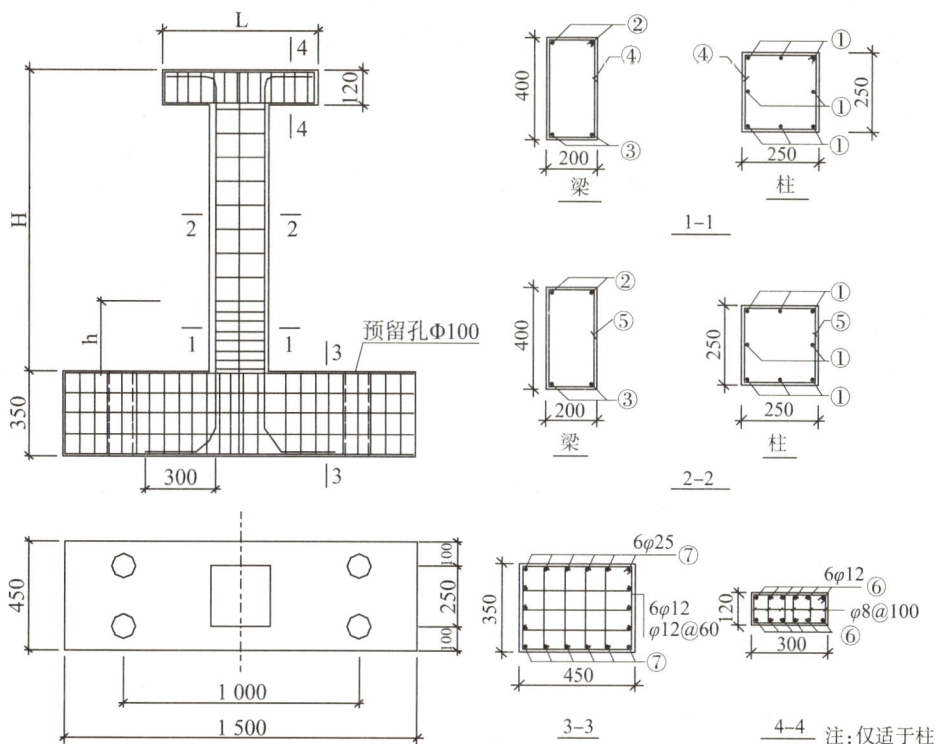

图 5.2　试件配筋图

图 5.3　应变片实图

（a）钢筋笼　　　　　　　　　（b）模型制作

图 5.4　钢筋绑扎及模板支护实图

　　模型试件在同济大学结构工程实验室内完成支模、绑扎钢筋、贴应变片、模板组装、混凝土浇筑等一系列工作。养护期间正值夏天，对各试件进行充分的养护。

5.2.3　试件的材料力学性质

模型全部采用 C25 商品混凝土进行浇筑,箍筋采用 HPB235 级钢筋,纵向钢筋采用 HRB335 级钢筋。浇筑混凝土时,预留六个立方体(250mm×250mm×250mm)试块和三个长方体(100mm×100mm×300mm)试块,达到养护期后通过试验压力机对混凝土强度和弹性模型进行实测;在制作钢筋笼时,预留钢筋试样,并对钢筋的强度进行实测。材料的力学性能如表 5.2 和表 5.3 所示。

表 5.2　混凝土力学性能

立方体抗压强度(MPa)	抗压强度设计值(MPa)	轴心抗压强度(MPa)	弹性模量(MPa)
30.3	14.5	22.2	$3.04×10^4$

表 5.3　钢筋力学性能

钢筋规格	屈服强度(MPa)	极限强度(MPa)
A6.5	423	463
A8	408	481
B10	338	488
B14	355	520
B16	350	506
B22	335	500
B25	391	556

5.2.4　加载装置及加载制度

采用单悬臂形式进行加载试验,在构件竖向用千斤顶施加轴向力,水平向采用作动器施加往复荷载。加载装置示意图及实物图如图 5.5 和图 5.6 所示,图 5.7 列出了部分加载设备及仪器。

施加竖向荷载的液压千斤顶的顶端设有滚轴,以减小摩擦力的影响,使千斤顶在抵抗较少水平荷载的情况下随试件一起水平移动,从而保证竖向加载位置的固定。通过油泵控制竖向力的大小,以保证试验过程中竖向荷载的恒定。水平反复荷载由申克(SCHENCK)加载机施加。

其他设备与仪器包括:龙门架、滚轴、3185 数据采集仪、LVDT 位移计、数据采集设备等。

正式开始试验之前,先在柱顶施加竖向压力,一次性加载完成,并在试验过程中保持不变。水平向采用荷载控制和位移控制两种控制方式混合控制加载。试件屈服前采用荷载控制并分级加载,每级循环一次,试件屈服后采用位移控制加载,每级循环三次,直到试件破坏。

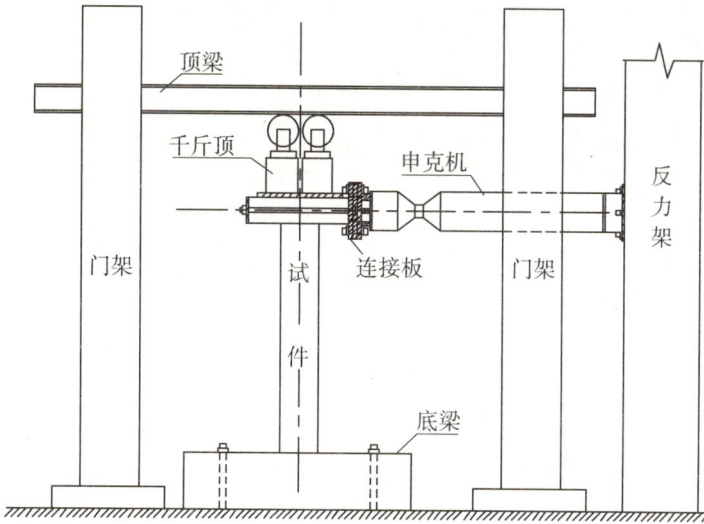

图 5.5 加载装置示意图

图 5.6 试验装置图

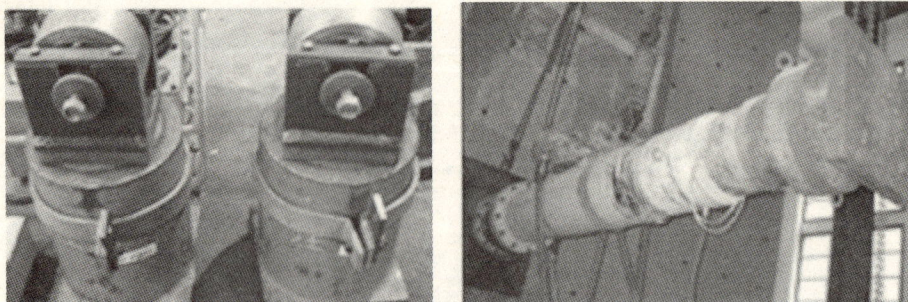

图 5.7　液压千斤顶、申克(SCHENCK)加载机

5.2.5　测点布置

1. 应变片的布置。

距离底座 300 mm 高度范围内，在钢筋笼的对角纵筋、中部纵筋和箍筋表面贴置电阻应变片。具体位置参见图 5.8。

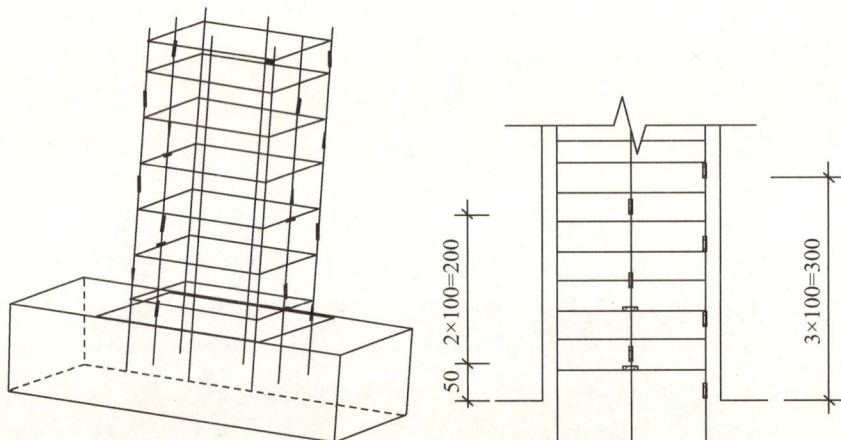

图 5.8　应变片布置图

2. 位移计的布置。

分别于底座、试件距底座上表面 375 mm 处和顶端设置位移计，以测量试件各点沿加载方向的位移。

为测量塑性铰区域内截面曲率和混凝土压应变，在试件距底座 75 mm、150 mm、250 mm 和 375 mm 处布置若干位移计。先取 A10 钢筋制作辅助测量杆，钢筋长 400 mm，中部 50 mm 裸露，保证与混凝土牢固连接，其余部分用塑料管包裹。在混凝土浇筑前将测量杆沿加载方向固定在试件钢筋笼中，并保证塑料管包裹段不接触任何箍筋和纵向钢筋。混凝土成型硬化后取出塑料管并清理孔洞。将位移计固定在相应测量杆上，以测量各杆间的相对位移。

在平行于水平荷载的试件侧面底部布置一对 45°位移计测量剪切变形量。

位移计具体布置参见图 5.9。

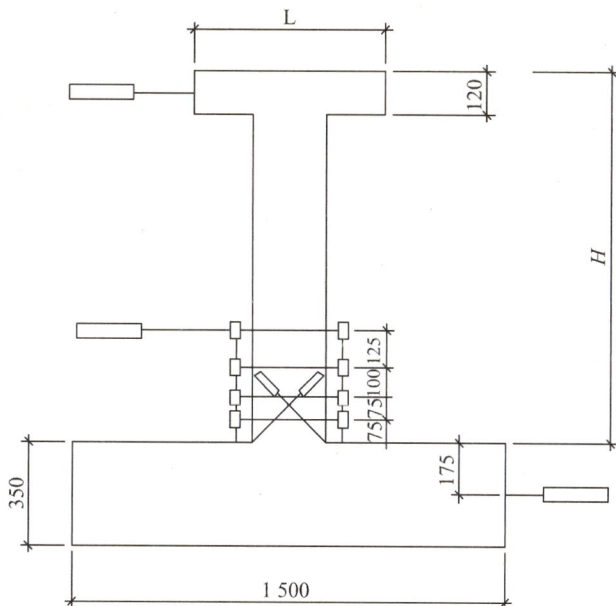

图 5.9　位移计布置图

3. 传感器数量。

位移传感器:11 个。

应变片:柱构件 18 个或 16 个;梁构件 11 个或 15 个。

5.2.6　主要观测内容

本次试验主要研究钢筋混凝土构件在地震作用下的损伤发展情况及破坏状态,了解荷载与变形的关系及其变化规律,了解构件非线性发展过程。其量测内容主要包括:

(1)试件轴向荷载,用力传感器量测。

(2)试件水平荷载(开裂荷载、屈服荷载、极限荷载),用力传感器量测。

(3)试件水平位移,设置位移计量测。

(4)试件纵向钢筋、箍筋的应变,贴置电阻应变片量测。

(5)裂缝开展状况观察,记录构件在各级荷载下裂缝的出现及开展状况、最大裂缝宽度及残余裂缝宽度。

5.3　试验现象描述

5.3.1　C301 试验现象

(1)试验开始前由两只千斤顶一次性施加竖向力 90 kN,然后进行构件与申克机加载端头的连接。

（2）首先以力控制方式进行加载，在水平荷载达到 30 kN 时，柱脚处垂直面（垂直于受力方向的侧面称为垂直面，平行于受力方向的侧面称为平行面）首先开裂，随后以 20 kN 作为加载界别逐级加载。在荷载达到 70 kN 时，1、8 号应变片显示纵向钢筋已经屈服，此时顶端位移为 1.96 mm，柱顶、柱体未发现有裂缝，柱脚处四个侧面均出现水平向裂缝，见图 5.10、图 5.11。

图 5.10　垂直侧面开裂情况　　　　　图 5.11　平行面开裂情况

（3）取 2 mm 作为位移控制方式的加载级别继续加载。当控制位移达到 8 mm 时，在靠近柱底部的垂直面上的水平缝最大缝宽为 1.25 mm，残余缝宽 0.93 mm；平行面上斜向裂缝的最大缝宽为 1.05 mm，残余裂缝 0.54 mm。见图 5.12 和图 5.13。

（4）随着位移的继续增大，裂缝沿柱高度方向上数量不断增加，并在裂缝的长度和宽度上逐步发展；随着水平裂缝的进一步扩展，在柱底局部混凝土保护层压碎并剥落，见图 5.14 和图 5.15。

（5）接近极限承载力时，柱底部混凝土保护层压碎剥落区域扩大，钢筋外露；平行面上出现斜向交叉裂缝，见图 5.16 和图 5.17。

图 5.12　垂直面裂缝　　　　　　　　图 5.13　平行面裂缝

图 5.14　柱底角部混凝土保护层压碎　　　　图 5.15　混凝土保护层剥落

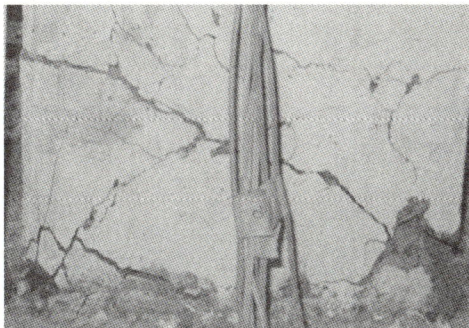

图 5.16　平行面斜向裂缝发展走向

图 5.17　垂直面损伤情况

（6）当控制位移达到 28 mm 时，柱底部混凝土保护层大范围剥落，核心混凝土表面压酥，角部纵向钢筋被压屈；平行面上交叉裂缝进一步发展，局部混凝土保护层破碎剥落，详见图 5.18 和图 5.19。

图 5.18　核心混凝土表面压碎　　　　图 5.19　平行面上裂缝发展情况

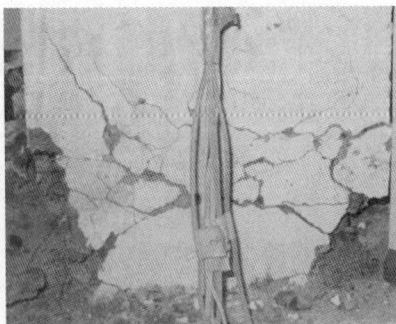

（7）随着控制位移的继续增大，构件承载力逐渐下降，破坏进一步加剧。当控制位移达到 42 mm 时，承载力为极限承载力的 70%，试验停止。此时柱底部混凝土保护层完全剥落，剥落高度达 200 mm，核心混凝土表面酥松，中部纵向钢筋压屈，详见图 5.20。

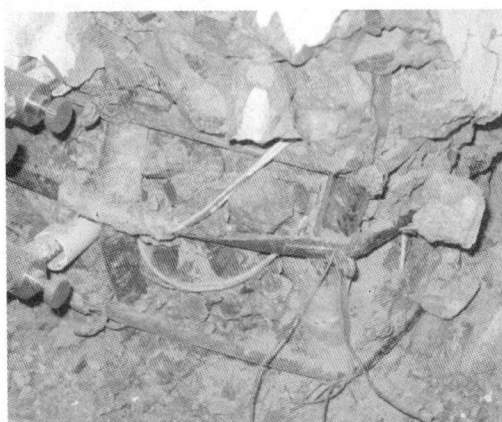

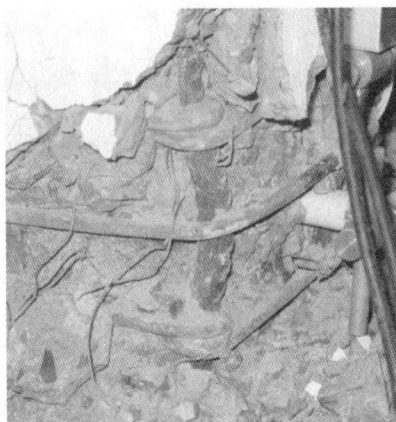

图 5.20　纵向钢筋压屈情况

5.3.2　C303 试验现象

（1）试验前由两只千斤顶施加竖向力 268 kN，然后进行构件与申克机加载端头的连接。

（2）首先以力控制方式进行加载，在水平荷载达到 20 kN 时，柱脚处垂直于受力方向的侧面首先开裂。在荷载达到 70kN 时，2、8 号应变片显示纵向钢筋已经屈服，此时顶端位移为 2.63 mm，随即改为位移控制方式加载；此时，柱的四个侧面均出现水平向裂缝，主要集中在柱脚部位，详见图 5.21 和图 5.22。

图 5.21　垂直面上裂缝开展情况

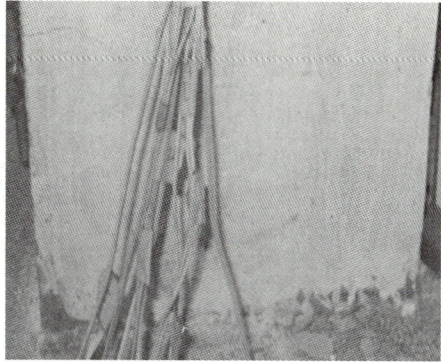

图 5.22　平行面上裂缝开展情况

（3）取 3 mm 作为位移控制的加载级别。当位移达到 10 mm 时，在靠近柱底处的垂直面上出现新的水平裂缝，缝宽最大处为 0.85 mm；平行面上出现水平裂缝，缝宽 0.73 mm。裂缝分布情况见图 5.23 和图 5.24。

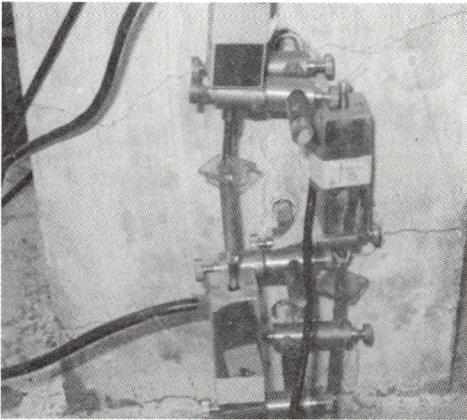

图 5.23　垂直面上裂缝走向

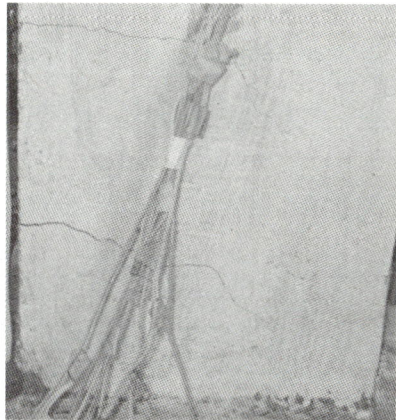

图 5.24　平行面上裂缝走向

（4）随着控制位移的逐级增加，各侧面裂缝的数量基本稳定，已有水平裂缝在其长度及宽度上不断发展。在柱底角部和受力侧面，局部混凝土保护层压碎，见图 5.25 和图 5.26。

（5）当控制位移达到 22 mm 时，构件接近极限承载力，混凝土保护层压碎区域扩大，局部混凝土保护层剥落，见图 5.27。

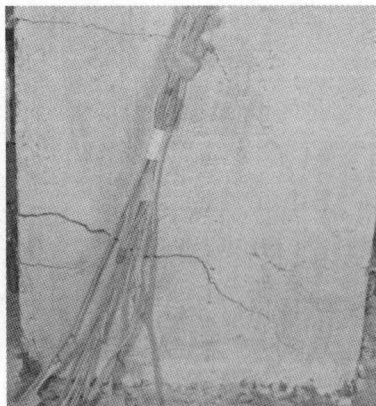

图 5.25 裂缝发展情况

图 5.26 角部混凝土保护层破碎

图 5.27 混凝土保护层压碎剥落

（6）随着加载的继续，构件承载力下降，破坏进一步加剧。当控制位移达到 34 mm 时，承载力下降为最大承载力 80% 左右，柱底部混凝土保护层大范围剥落，箍筋外露；平行面上斜向裂缝彼此连通，柱底和角部混凝土保护层剥落，露出纵筋，破坏详见图 5.28。

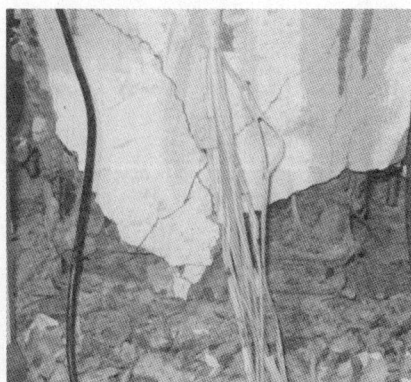

图 5.28 混凝土保护层剥落、钢筋外露

（7）当位移达到 40 mm 时，承载力为极限承载力的 65%，停止试验。此时柱底部混凝土保护层完全剥落，剥落高度达 210 mm，核心混凝土受压膨胀，箍筋外凸变形，纵向钢筋被压屈，详见图 5.29。

（a）箍筋变形外凸 　　　　　　　　　　（b）纵筋压屈

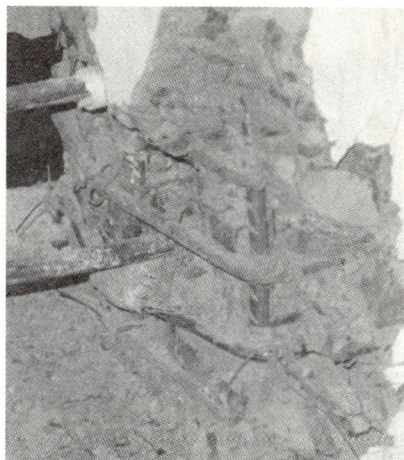

（c）平行面上混凝土保护层剥落 　　　　（d）混凝土保护层完全剥落

图 5.29　构件破坏情况

5.3.3　C305 试验现象

（1）试验前由两只千斤顶施加竖向力 447 kN，然后进行构件与申克机加载端头的连接。

（2）首先以力控制方式进行加载，在水平荷载达到 50 kN 时，柱底垂直面混凝土保护层首先开裂。在荷载达到 100 kN 时，2、9 号应变片显示纵向钢筋已经屈服，此时顶端位移为 3.64 mm。裂缝主要出现在柱的垂直面上，缝宽比较小，卸载后裂缝能够闭合。

（3）随即改为位移控制方式继续加载，以 4 mm 作为控制级别逐级加载。当控制位移达到 12 mm 时,达到极限承载力。柱垂直面上沿柱高度方向出现多条水平裂缝,柱底水平裂缝最宽处为 0.36 mm,残余缝宽 0.04 mm;平行面出现斜向裂缝,从柱边向侧面中部逐渐变细,最大缝宽处为 0.31 mm;柱底角部区域混凝土保护层被压裂,见图 5.30。

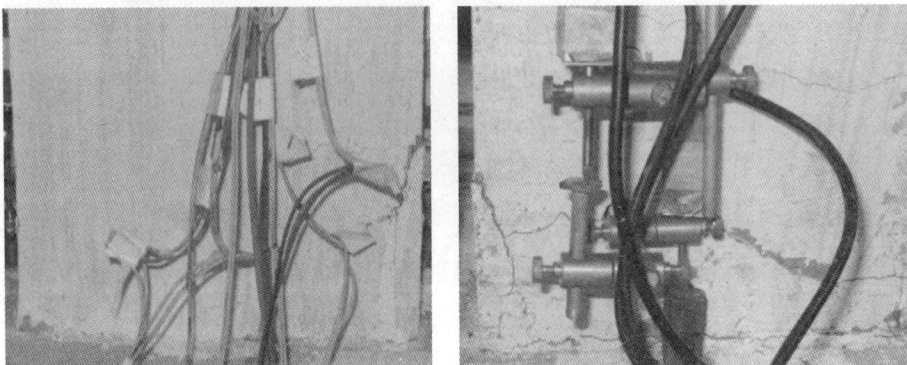

图 5.30　角部混凝土保护层开裂及裂缝开展情况

(4) 随着位移逐级增加,承载力缓慢下降,各侧面新增裂缝出现较少,裂缝数量基本稳定,已有水平裂缝在其长度及宽度上不断发展,残余裂缝宽度逐渐变大。当控制位移达 20 mm 时,最大缝宽为 0.63 mm,残余缝宽 0.32 mm,柱底部角部混凝土保护层压碎剥落,见图 5.31。

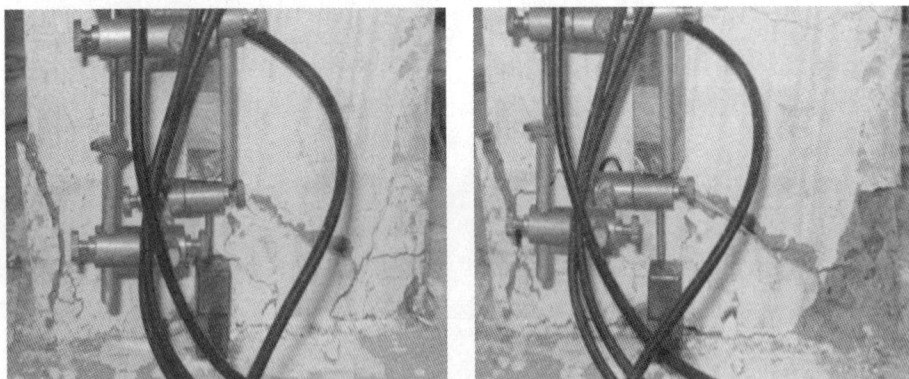

图 5.31　柱底角部混凝土保护层开裂

(5) 随着位移进一步增加,构件损伤破坏进一步加剧。当控制位移达到 24 mm 时,局部混凝土保护层剥落,箍筋露出,见图 5.32 和图 5.33。

(6) 当位移达到 28 mm 时,构件承载力约为极限承载力的 55%,试验停止。此时柱底部的混凝土保护层完全剥落,剥落高度达 220 mm,箍筋变形外凸,纵向钢筋被压屈,详见图 5.34 和图 5.35。

图 5.32 混凝土保护层剥落

图 5.33 箍筋外露

图 5.34 混凝土保护层全部剥落、钢筋外露

图 5.35 纵筋压屈、箍筋外凸变形

5.3.4 C305L 试验现象

(1) 试验前由两只千斤顶施加竖向力 447 kN,然后进行构件与申克机加载端头的连接。

(2) 首先以力控制方式进行加载,在水平力达到 30 kN 时,柱脚垂直于受力方向的两侧面同时开裂;在荷载达到 80 kN 时,1、9 号应变片显示纵向钢筋已经屈服,此时顶端位移为 3.72 mm。裂缝宽度很小,主要出现在垂直于受力方向的两个侧面上。

(3) 随后改为位移控制方式继续加载,以 4 mm 作为位移控制级别。当控制位移达到 8 mm 时,柱底部垂直面上最大水平裂缝宽度为 1.59 mm;平行面上出现水平向裂缝,最大缝宽 0.73 mm,见图 5.36。

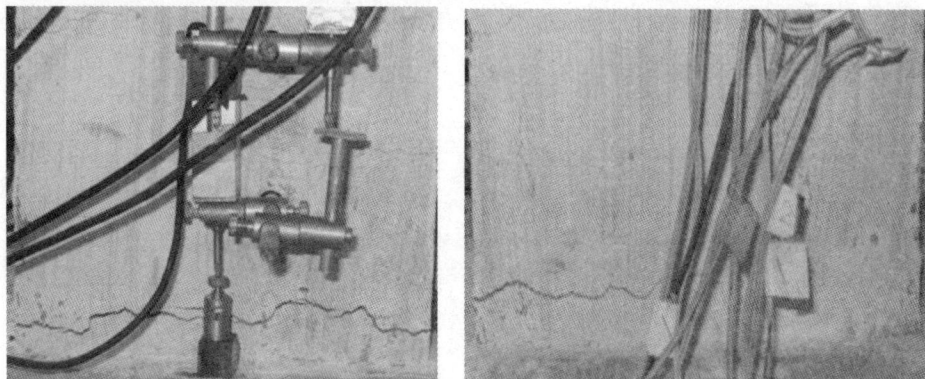

图 5.36　底部混凝土保护层开裂

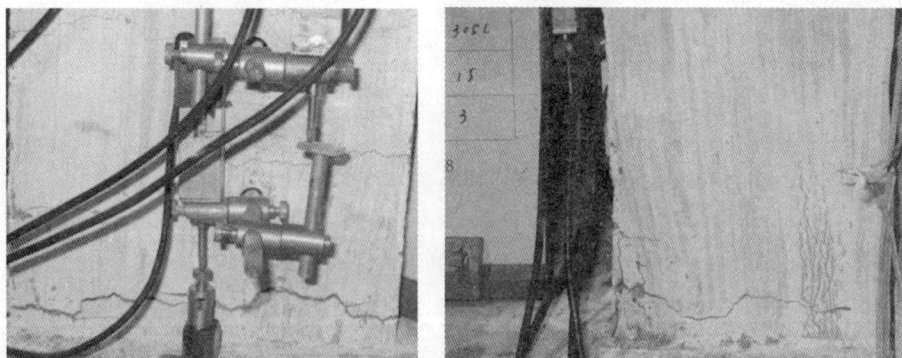

图 5.37　裂缝开展情况

图 5.38　角部混凝土保护层压碎

(4) 随着控制位移的逐级增加,裂缝数量基本稳定,柱底附近水平裂缝在其长度和宽度上的发展比较明显。当控制位移为 12 mm 时,达到极限承载力,三次循环(总第 16 次循环)结束后,最大水平裂缝宽度为 2.32 mm,残余裂缝宽度 0.9 mm,柱底角部混凝土保护层被压碎开裂,见图 5.37 和图 5.38。

（5）随着控制位移的进一步加大，构件损伤发展速度加快。柱底混凝土保护层大范围剥落，箍筋外露；平行面上裂缝彼此连通，贯穿整个侧面，局部混凝土保护层被压碎，详见图 5.39 和图 5.40。

（6）随着试验加载的继续，构件承载力明显下降，损伤破坏进一步加剧。当控制位移达到 28 mm 时，承载力为极限承载力的 70%，停止试验；此时柱脚垂直面上大部分混凝土保护层剥落，剥落高度为 150 mm。核心混凝土受压膨胀，箍筋外凸变形，纵向钢筋压屈；平行面上角部混凝土保护层压碎剥落，详见图 5.41。

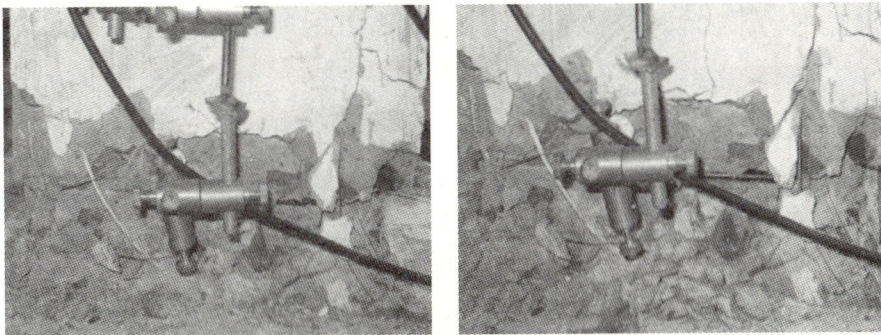

图 5.39　混凝土保护层剥落、箍筋外露

图 5.40　平行面损伤发展情况

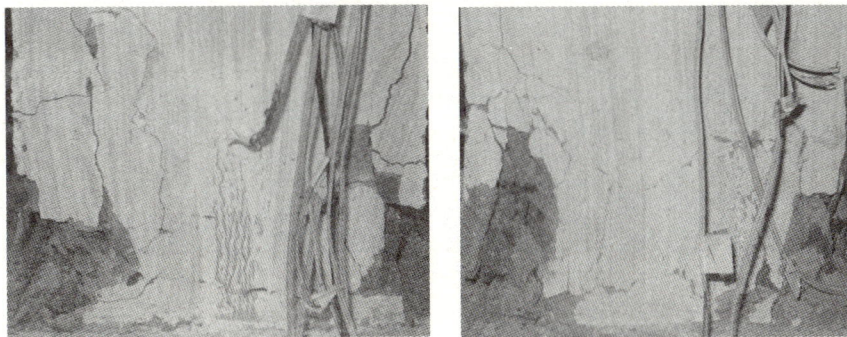

（a）混凝土保护层剥落情况

（b）箍筋外露及纵筋压屈

图 5.41　试件破坏时损伤状况

5.3.5　C307 试验现象

（1）试验前由两只千斤顶施加竖向力 626 kN，然后进行构件与申克机加载端头的连接。

（2）首先以力控制方式进行加载，在水平荷载达到 70 kN 时，垂直于受力方向的两侧面均出现微细裂缝。在荷载达到 120 kN 时，2、8 号应变片显示纵向钢筋已经屈服，此时柱顶端位移为 3.63 mm。经观察柱顶、柱体未发现有裂缝，裂缝主要集中出现在柱底部 300 mm 范围内，最大缝宽 0.16 mm，裂缝能够闭合。

（3）随后以 4 mm 作为控制级别改为位移控制方式继续加载。当控制位移达到 12 mm 时，已接近柱的极限承载能力。此时柱底角部混凝土保护层出现竖向裂缝，垂直面混凝土保护层开裂严重，在靠近柱底处水平裂缝宽度达 0.56 mm，残余缝宽 0.29 mm；平行面上出现斜向裂缝，缝宽 0.3 mm，残余缝宽 0.02 mm。裂缝分布情况见图 5.42。

图 5.42　试件侧面裂缝走向

（4）随着控制位移的增加，水平裂缝在其宽度和长度上不断发展，损伤程度进一步加剧。第 17 次循环后，最大残余裂缝宽度达 0.4 mm，柱角部混凝土保护层首先压碎剥落,见图5.43。

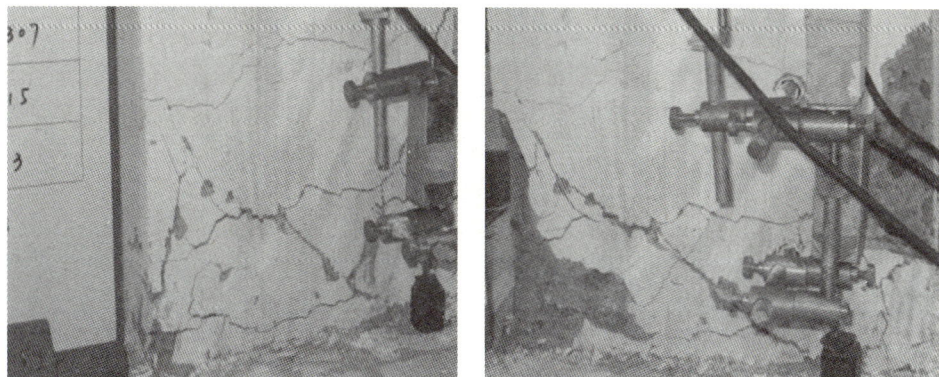

图5.43　裂缝开展及局部混凝土保护层剥落

（5）当控制位移为20 mm时,承载力下降为极限承载力的80%左右。随着循环次数的增加,损伤程度进一步发展。第一次循环（总第18次循环）后,垂直面上混凝土保护层开始剥落,三次循环（总第20次循环）结束后,混凝土保护层大范围剥落,并露出箍筋,见图5.44和图5.45。

（6）随着加载的继续,构件承载力迅速下降,破坏程度更加严重。当控制位移达到28 mm时,承载力已降至极限承载力的60%以下,停止试验。此时柱脚形成明显塑性铰,底部混凝土保护层完全剥落,剥落高度达250 mm,核心混凝土受压膨胀,箍筋外凸变形,纵向钢筋受压屈曲,详见图5.46。

图5.44　总第18次循环损伤情况

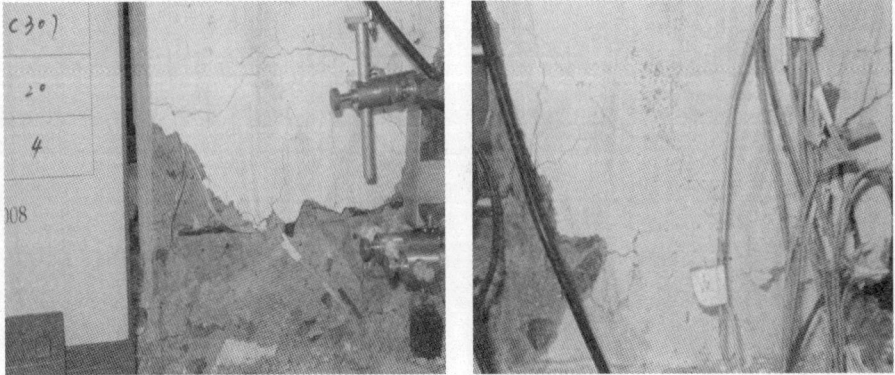

图 5.45 总第 20 次循环损伤情况

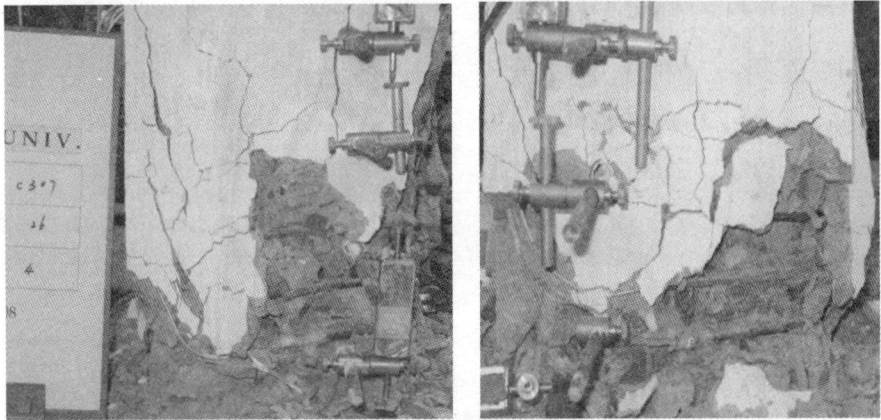

（a）混凝土保护层剥落

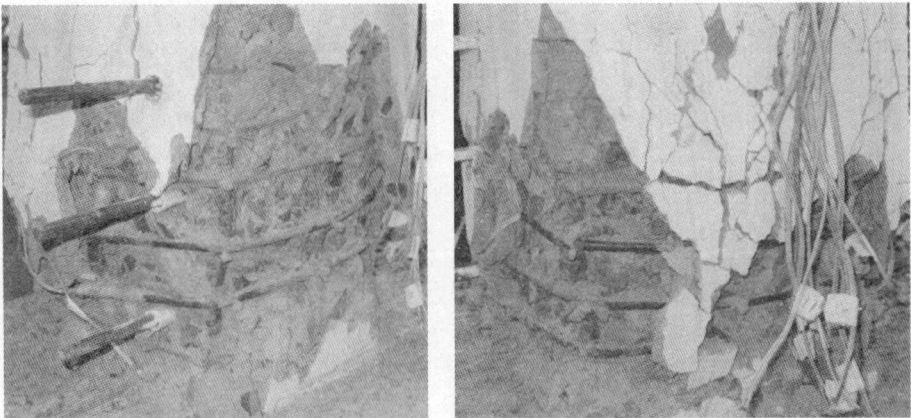

（b）箍筋外凸变形及纵筋压屈

图 5.46 试件破坏情况

5.3.6　C505 试验现象

（1）试验前由两只千斤顶施加竖向力 447 kN，然后进行构件与申克机加载端头的连接。

（2）首先以力控制方式进行加载，在水平力达到 20 kN 后，为防止构件因水平力过大发生破坏，改用位移控制方式加载，以 2 mm 作为控制加载级别进行加载。在控制位移达到 4 mm 时，柱垂直于受力方向的两侧面同时出现微细裂缝；在位移达到 10 mm 时，2、8 号应变片显示纵向钢筋已经屈服。经观察柱顶、柱体未发现有裂缝，裂缝主要集中出现在试件侧面距底座 500 mm 范围内，最大缝宽为 0.24 mm，残余缝宽 0.09；平行面上裂缝比较细，最大缝宽为 0.11 mm。

（3）随后以 10 mm 作为控制加载级别进行加载。当位移达到 20 mm 时，构件达到极限承载能力。此时在垂直面上沿柱高度方向出现大量水平裂缝，相邻两个裂缝的间距约为 100 mm，裂缝最高处距底座 600 mm，最大缝宽为 0.73 mm，残余缝宽 0.44 mm；平行面上沿高度方向上同样出现大量斜向裂缝，并由柱边向侧面内发展，最大缝宽处达 0.43 mm，残余缝宽 0.19 mm。在柱角部混凝土保护层表面受压皱起有开裂迹象，详见图 5.47。

（4）随着控制位移的增大和循环次数的增加，承载力逐渐下降，累积损伤迅速发展。控制位移 30 mm 第一次循环（总第 12 次循环）后，柱垂直面上混凝土保护层开裂严重，角部混凝土保护层已压裂；第三次循环（总第 14 次循环）后，垂直面上局部混凝土保护层剥落，详见图 5.48 和图 5.49。

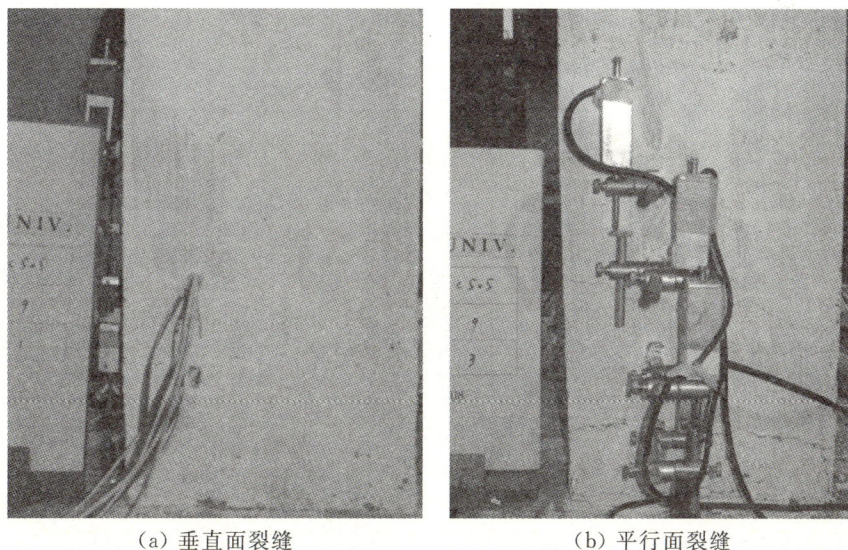

(a) 垂直面裂缝　　　　　　　　　(b) 平行面裂缝

图 5.47　裂缝沿柱高度方向开裂情况

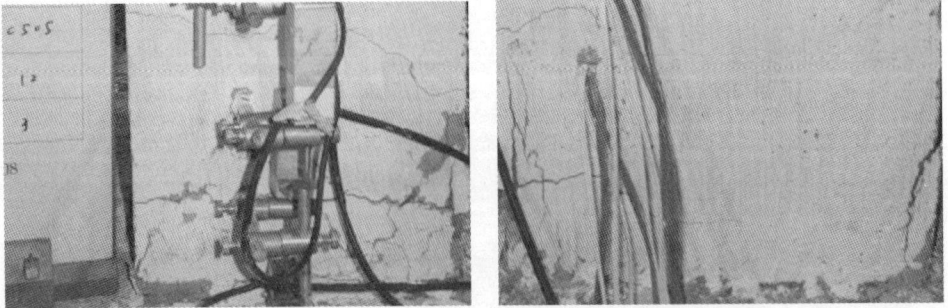

图 5.48　控制位移 30 mm 第一次(总第 12 次)循环损伤情况

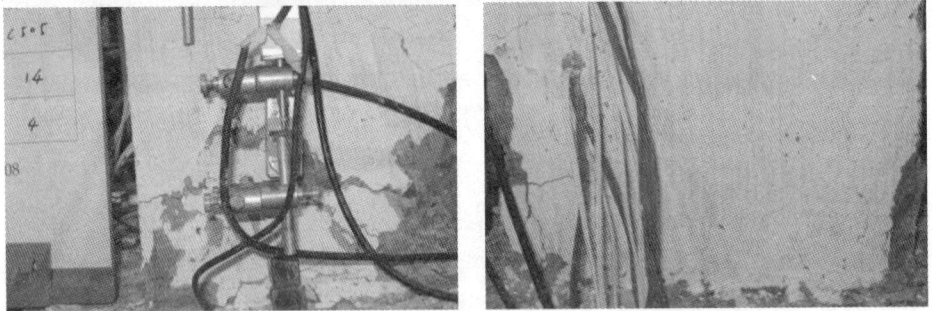

图 5.49　控制位移 30 mm 第三次(总第 14 次)循环损伤情况

(5) 随着控制位移继续增大,柱底部损伤进一步发展,承载力继续下降。当控制位移为 50 mm 时,承载力下降了约 20%。三次循环(总第 20 次循环)结束后,混凝土保护层大范围剥落,底部箍筋已露出,见图 5.50。

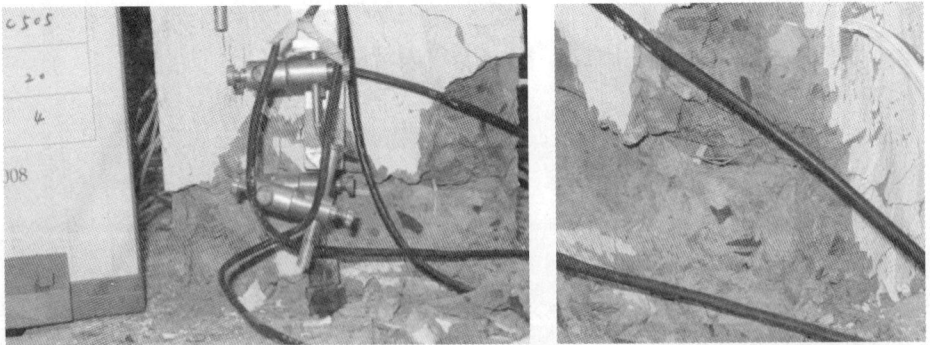

图 5.50　混凝土保护层大范围剥落

(6) 控制位移为 60 mm 时,承载力下降为极限承载力的 65%,停止试验。此时柱底部垂直面上的混凝土保护层完全剥落,剥落高度达 250 mm,三排箍筋露出并外凸变形,纵向钢筋被压屈,详见图 5.51。

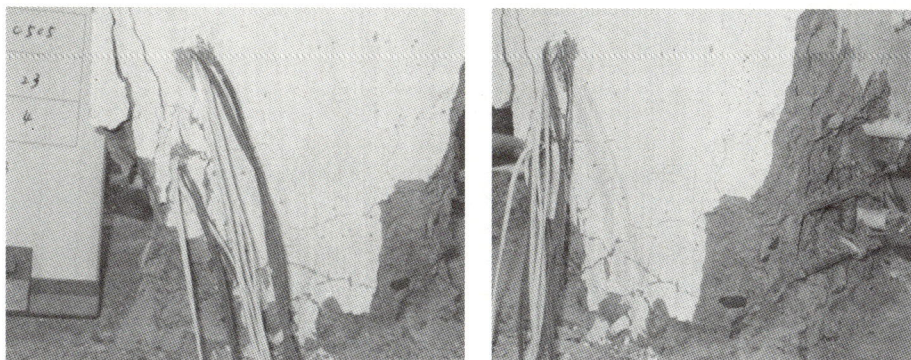

图 5.51　试件破坏情况

5.3.7　C505D 试验现象

（1）试验前由两只千斤顶施加竖向力 447 kN，然后进行构件与申克机加载端头的连接。

（2）首先以力控制方式进行加载，在力达到 40 kN 时，垂直面混凝土保护层首先开裂。随后改用位移控制方式加载，以防止构件因水平力过大发生破坏。控制位移以 2 mm 级别逐级增大。在位移达到 10 mm 时，1、8 号应变片显示纵向钢筋已经屈服。裂缝主要集中出现在柱底部垂直面上，最大裂缝宽度为 0.13 mm；平行面上裂缝比较细，最大缝宽为 0.11 mm，卸载后裂缝完全闭合。

（3）控制位移以 10 mm 级别继续加载。当位移达到 20 mm 时，构件接近极限承载能力。在垂直面上沿柱高度方向上出现大量水平裂缝，柱底最大水平裂缝的宽度为 1.12 mm，残余裂缝宽度 0.6 mm；平行面上沿柱高度方向同样出现大量斜向裂缝，由柱边向内发展，最宽处达 0.23 mm，残余缝宽 0.07 mm。裂缝发展情况详见图 5.52。

（4）随着控制位移的加大和循环次数的增加，柱底混凝土保护层开始破碎剥落。控制位移 30 mm 第 1 次循环（总第 14 次循环）结束后，垂直面上混凝土保护层破碎严重，局部混凝土保护层开始剥落；第 3 次循环（总第 16 次循环）结束后，混凝土保护层剥落区域扩大，损伤程度进一步加剧，详见图 5.53。

(a) 垂直面裂缝

(b) 平行面裂缝

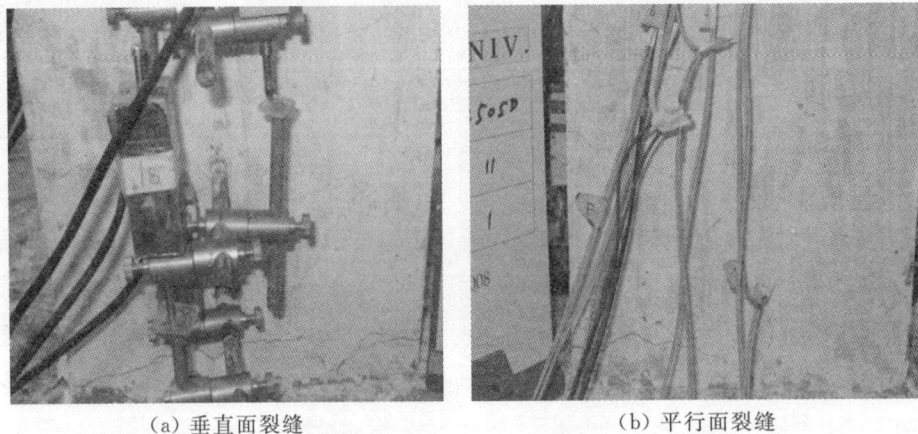

图 5.52　裂缝发展情况

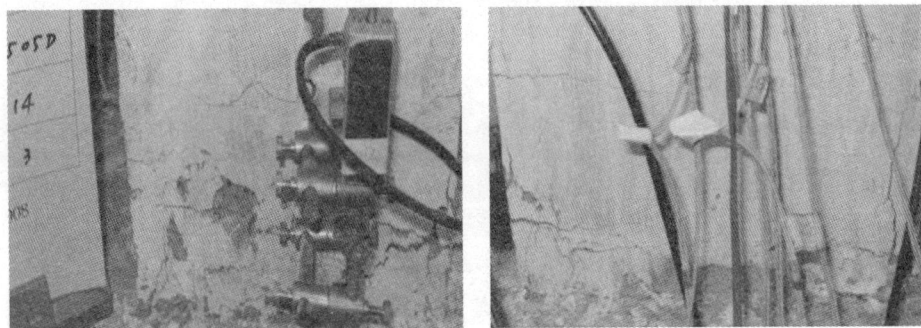

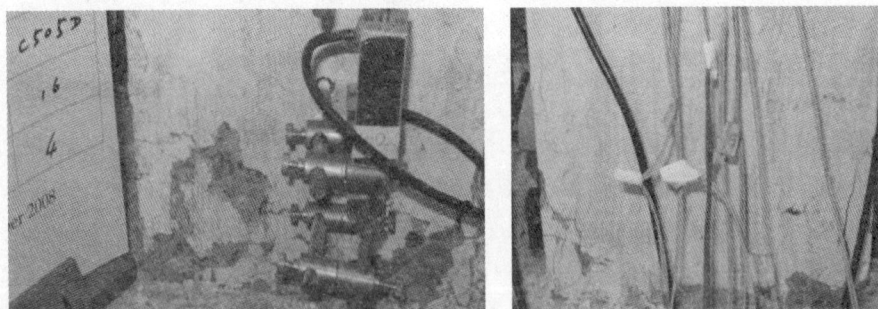

(a) 第 1 次（总第 14 次）循环损伤状况

(b) 第 3 次（总第 16 次）循环损伤状况

图 5.53　控制位移 30 mm 时损伤发展情况

（5）随着控制位移的增加，柱底部混凝土保护层损伤范围扩大，承载力逐渐下降。当控制位移为 40 mm 时，承载力为极限承载力的 85%。此时，垂直面上混凝土保护层大范围剥落，角部钢筋外露，见图 5.54。

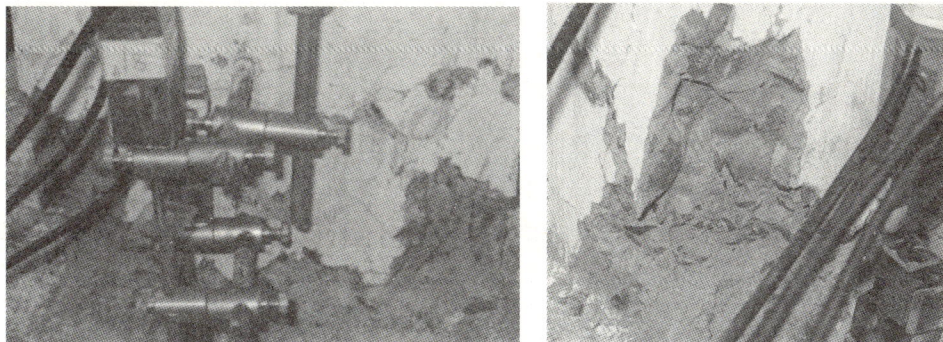

图 5.54　混凝土保护层剥落情况

（a）混凝土保护层完全剥落

（b）箍筋外露、纵筋压屈

图 5.55　试件破坏情况

（6）控制位移达到 60 mm 时，承载力下降为极限承载力的 70%，停止试验。此时柱底部混凝土保护层完全剥落，剥落高度达 150 mm，四排箍筋露出并外凸变形，纵向钢筋被压屈，详见图 5.55。

5.3.8 C505C 试验现象

（1）试验前由两只千斤顶施加竖向力 447 kN，然后进行构件与申克机加载端头的连接。

（2）首先以力控制方式进行加载，在力达到 40 kN 时，垂直面混凝土保护层首先开裂，随后以 2 mm 为加载级别改用位移控制方式加载，以防止水平力过大导致构件发生破坏。当控制位移达到 8 mm 时，1、9 号应变片显示纵向钢筋已经屈服。经观察柱顶和柱体未出现裂缝，裂缝主要集中出现在柱底部垂直面上，最大裂缝宽度为 0.16 mm；平行面上裂缝比较细，最大缝宽为 0.11 mm，裂缝能够闭合。

（3）随后控制位移以 8 mm 级别继续加载。当位移达到 16 mm 时，构件接近极限承载能力。裂缝在其长度和宽度上进一步发展。在垂直面上最大水平裂缝位于柱底部，靠近底座附近，裂缝宽度为 0.53 mm，残余缝宽为 0.17 mm；平行面上斜向裂缝由柱边向内发展，裂缝最宽处达 0.27 mm，残余缝宽 0.09 mm。三次循环结束后（总第 13 次循环），柱底角部混凝土保护层破碎，见图 5.56。

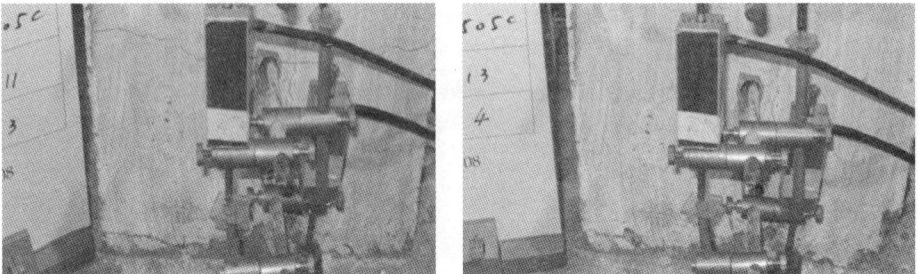

图 5.56 裂缝开展及角部混凝土保护层开裂情况

（4）随着控制位移的增加，裂缝宽度逐渐增大，混凝土保护层破坏程度越来越严重。控制位移 24 mm 时，第 1 次循环（总第 14 次循环）后，最大水平裂缝宽度增大到 1.28 mm，残余缝宽 0.72 mm；柱垂直面上局部混凝土保护层压裂破碎；第 3 次循环（总第 16 次循环）后，混凝土保护层损伤程度加剧，有剥落的趋势，详见图 5.57。

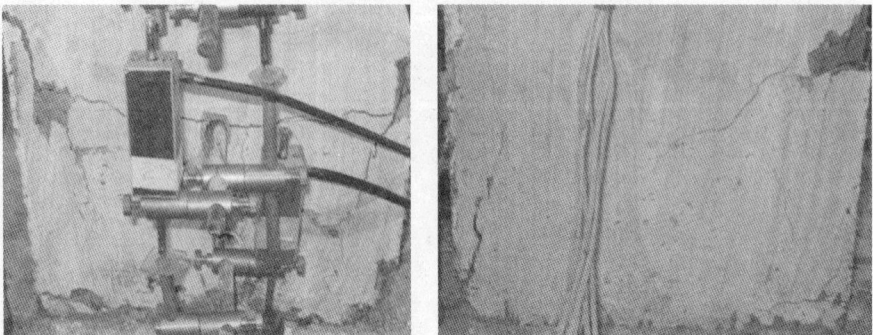

（a）第 1 次（总第 14 次）循环损伤情况

(b) 第 3 次(总第 16 次)循环损伤情况

图 5.57　控制位移 24 mm 时损伤发展情况

(5) 随着控制位移的进一步增大,混凝土保护层剥落区域增大,承载力逐渐下降。当控制位移为 32 mm 时,承载力为极限承载力的 75%。此时,垂直面上柱底混凝土保护层大范围剥落,纵向钢筋外露,并与核心混凝土脱离,角部纵向钢筋被压屈,见图 5.58。

图 5.58　纵向钢筋压屈

(6) 控制位移达到 40 mm 时,承载力下降为极限承载力的 60%,停止试验。此时柱底部混凝土保护层完全剥落,剥落高度达 260 mm,垂直面上的三根纵向受力钢筋明显压屈,构件破坏严重,详见图 5.59。

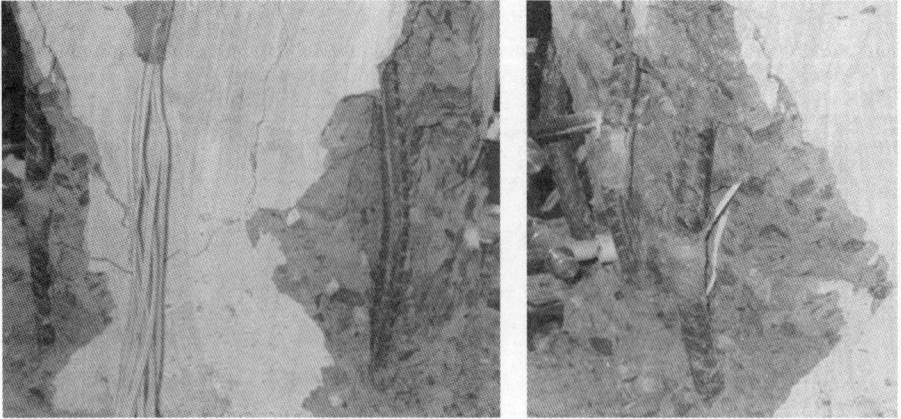

图 5.59 纵向钢筋全部压屈

5.3.9 C505S 试验现象

由于千斤顶滚轴出现问题,顶梁与千斤顶间的摩擦力导致水平力高达200 kN。更换千斤顶滚轴后,水平力瞬间下降,构件刚度显著降低,已表明构件已经破坏,停止试验。试验结果受到影响,试验宣告失败。

5.3.10 C705 试验现象

(1)试验前由一组两只千斤顶施加竖向力 447 kN,然后进行构件与申克机加载端头的连接。

(2)首先以力控制方式进行加载,在控制荷载达到 30 kN 时,柱底部垂直面上的混凝土保护层首先开裂。随后改用位移控制加载,以防止构件因水平力过大发生破坏。当控制位移达到 15 mm 时,2、9 号应变片显示纵向钢筋已经屈服。经观察柱顶、柱体未发现有裂缝,裂缝主要集中出现在柱底部垂直面上,最大裂缝宽度为 0.17 mm;平行面上出现斜向裂缝,最大缝宽为 0.17 mm。

(3)控制位移以 15 mm 级别继续加载,当位移达到 30 mm 时,构件接近极限承载能力,裂缝在其长度和宽度上进一步扩展,并沿柱高度方向上新增大量水平向裂缝,间距约 100 mm,最高处至柱底 1 000 mm。在垂直面上水平裂缝最大宽度为 0.56 mm,残余缝宽 0.21 mm;平行面上斜向裂缝由柱边向内发展,最宽处达 0.4 mm,残余缝宽 0.14 mm。三次循环结束后(总第 9 次循环),柱底角部混凝土保护层压碎,见图 5.60。

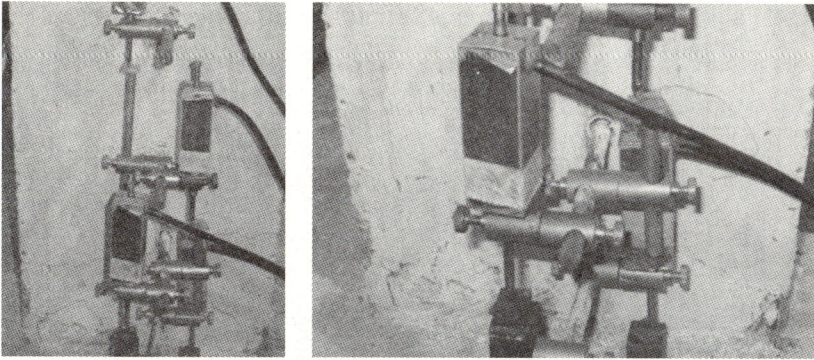

图 5.60　裂缝分布及混凝土保护层损伤情况

（4）随着控制位移的加大，损伤破坏进一步加剧，新增裂缝几乎没有出现，损伤主要表现为裂缝在其长度和宽度上的发展。当控制位移为 45 mm 时，垂直面上的最大水平裂缝宽度增大到 1.63 mm，残余裂缝宽度 1.14 mm；平行面上斜向裂缝最宽处为 1.22 mm，残余缝宽 1.06 mm。三次循环（总第 12 次循环）后，垂直面上部分混凝土保护层破碎剥落，详见图 5.61。

（5）随着控制位移继续增大，承载力逐渐下降。当控制位移为 60 mm 时，承载力约为极限承载力的 80%。混凝土保护层剥落区域进一步扩大，详见图 5.62。

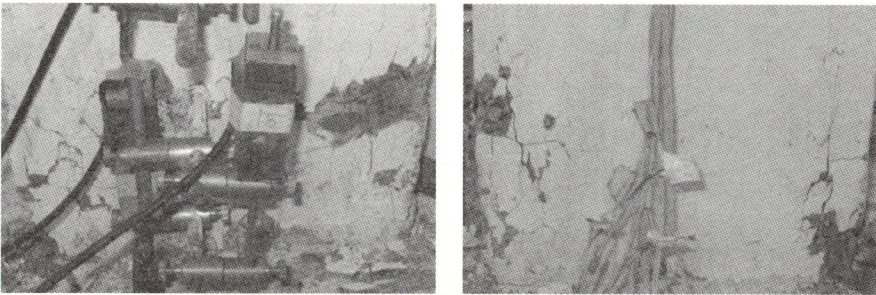

图 5.61　局部混凝土保护层剥落

图 5.62　混凝土保护层剥落区域扩大

（6）控制位移达到 75 mm 时，承载力下降为极限承载力的 70％，停止试验。此时柱底部混凝土保护层完全剥落，剥落高度达 250 mm，钢筋外露，垂直面上纵向受力钢筋明显压屈，详见图 5.63。

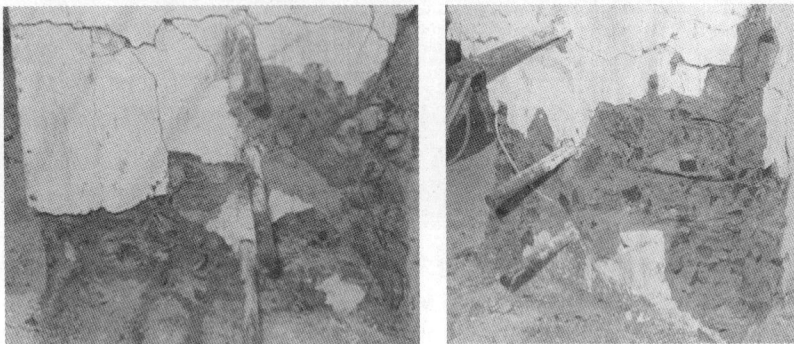

图 5.63　混凝土保护层剥落、钢筋外露

5.3.11　单调加载构件试验现象

（1）分别对试件 C305M 和 C505SM 进行单调加载试验，以 C305M 为例对试验情况进行介绍。试验前由千斤顶施加竖向力 447 kN，然后将构件与申克机连接。

（2）首先以力控制方式施加水平荷载，当控制荷载达到 50kN 时，受拉侧混凝土保护层首先开裂；当控制荷载达到 110 kN 时，1 号钢筋应变片显示纵向钢筋已屈服，取此位移为加载级别，改用位移控制方式继续加载。

（3）当控制位移达到 16 mm 时，构件接近极限承载力，此时柱底部受拉面上出现较大裂缝，缝宽达 0.43 mm，受压面角部混凝土保护层出现竖向裂缝；平行面上沿柱高度方向出现多条斜向条裂缝，最宽处达 0.47 mm，详见图 5.64。

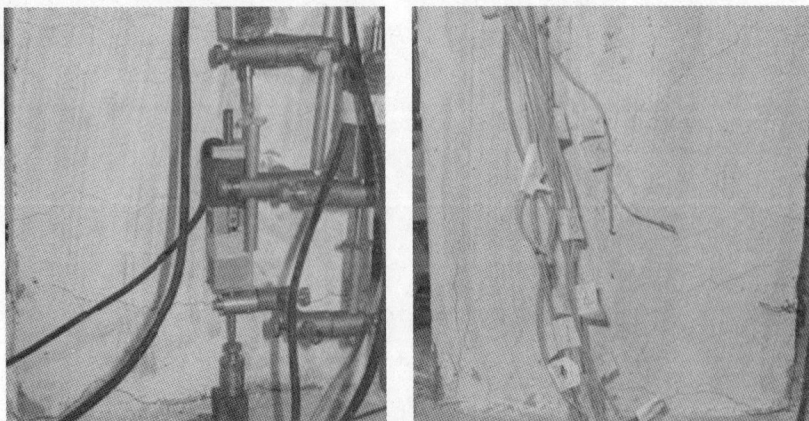

图 5.64　裂缝开展情况

(4) 随着控制位移的继续增大,构件的损伤主要集中在裂缝宽度的增大和角部混凝土保护层压碎剥落上。当控制位移达到 32 mm 时,受拉侧最大裂缝宽度达 1.76 mm,受压侧角部的混凝土保护层开始剥落,详见图 5.65。

图 5.65 裂缝分布及混凝土保护层损伤情况

(5)当控制位移达到 36 mm 时,构件的承载力下降为极限荷载的 85% 左右,控制位移增大到 44 mm 时,承载力为极限荷载的 70%,构件已经破坏,停止试验。此时,受拉侧最大水平裂缝宽度为 2.26 mm,柱角部混凝土保护层沿竖向严重开裂,详见图 5.66。

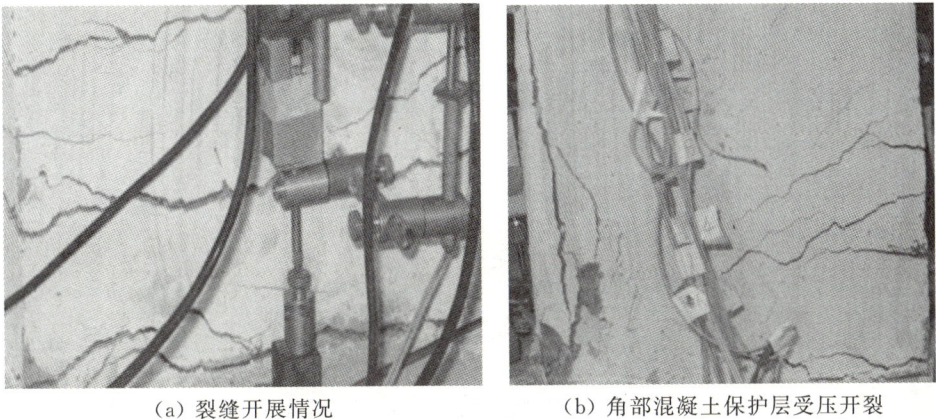

(a) 裂缝开展情况   (b) 角部混凝土保护层受压开裂

图 5.66 试件最终破坏情况

5.3.12 梁试件试验现象

(1) 对梁构件 B22、B22S 和 B25 分别进行低周反复加载试验,现以构件 B22S 为例对试验情况进行介绍。

(2) 由于没有轴向力作用,在连接好构件和试验设备后,开始进行试验。首先采用力控制方式进行加载,当控制力达到 15 kN 时,垂直于加载方向的两个侧面同时出现微细裂缝。为防止控制力过大导致构件破坏,改为位移控制方式继续加载。当控制位移达到 10 mm 时,2 号应变片显示纵向钢筋屈服,此时垂直面上沿柱高度方向上出现多条裂缝,最高处距底座 1 400 mm,裂缝间距约 80 mm。

(3) 以 10 mm 作为加载控制级别继续加载。随着控制位移的逐渐增大,裂缝数量相对稳定,构件的损伤主要表现为已有裂缝在其宽度和长度上的不断发展。当控制位移达 50 mm 时,试件接近极限承载能力。此时垂直面上最大水平裂缝宽度为 3.07 mm,残余裂缝宽度为 2.88 mm;平行面上裂缝彼此连通,贯穿整个侧面,最大裂缝宽度为 2.13 mm,残余缝宽 1.78 mm。裂缝分布情况详见图 5.67。

(4) 当控制位移为 60 mm 时,垂直面上混凝土保护层局部剥落,纵向钢筋外露;平行面上裂缝在其宽度和长度上急剧发展,最大裂缝宽度达 2.53 mm,残余缝宽 1.96 mm,详见图 5.68。

图 5.67　裂缝发展情况

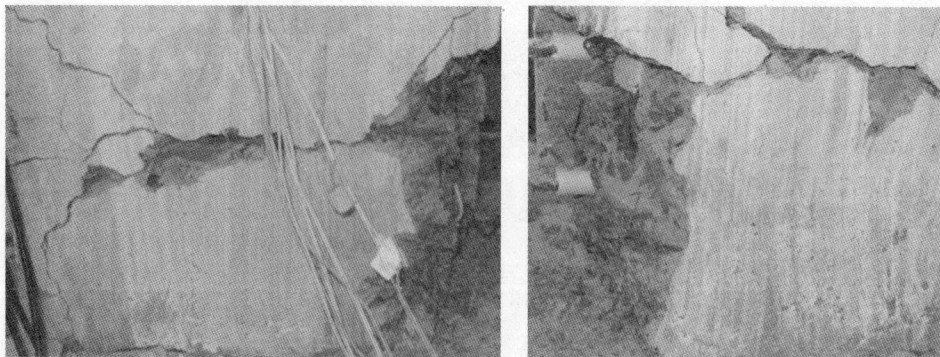

图 5.68　混凝土保护层剥落、钢筋外露

(5) 随着控制位移的继续增大,承载力逐渐下降,底部混凝土保护层破坏程度加剧。当控制位移达到 70 mm 时,承载力下降为最大承载能力的 85% 左右,三次循环结束后,垂直面上混凝土保护层大范围剥落,纵向钢筋与核心混凝土脱离,

纵向钢筋屈曲,箍筋外凸变形;平行面上裂缝连通,混凝土保护层破碎,详见图 5.69。

(6)当控制位移达到 90 mm 时,承载力下降为最大承载能力的 70% 左右,试件破坏,停止试验。此时垂直面上混凝土保护层全部剥落,剥落高度达 300 mm,纵向钢筋断裂,详见图 5.70。

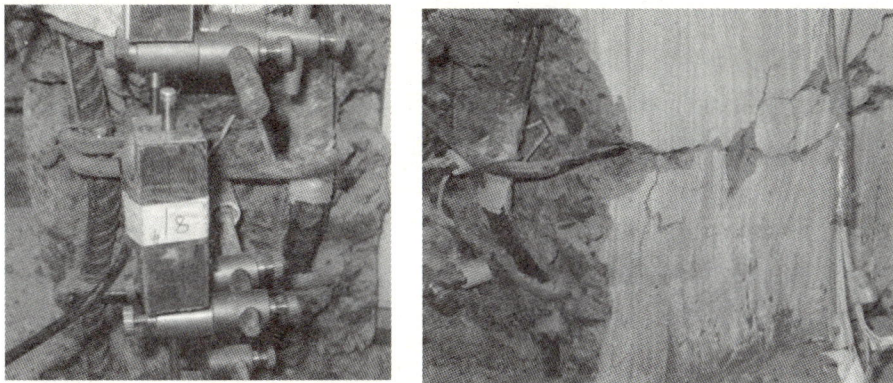

图 5.69　钢筋压屈

图 5.70　构件损伤情况

5.4　本章小结

(1)以轴压比、配箍率、剪跨比、纵筋配筋率为控制参数,设计钢筋混凝土构件,完成了低周反复加载试验。

(2)通过各试件试验过程中出现的试验现象,得到钢筋混凝土构件破坏全过程为:混凝土开裂—纵筋受拉屈服—混凝土保护层边缘压碎—混凝土保护层剥落—核心区混凝土边缘压碎—纵筋断裂(压屈)。

(3)试件的破坏区域主要集中在各试件的底部,距离底座 1 倍截面高度范围内。混凝土保护层开始剥落处距底座约 50 mm,并不是出现在试件的最底部,说明底座作为试件的固端支座,对试件有一定的约束作用。对于未按抗震要求设计的试件 C505C,混凝土保护层严重破碎剥落,剥落高度达 260 mm,垂直面上纵向钢筋全部压屈,破坏严重,与按抗震要求设计的试件相比,抗震性能明显降低。

(4) 当试件在屈服之前,损伤发展缓慢,主要集中在沿试件高度方向裂缝数量的增加上;当试件屈服之后,损伤破坏速度明显加快,主要表现在已有裂缝在其长度和宽度上的急剧发展。随着循环次数的增加,混凝土保护层破碎剥落,核心混凝土受压向外膨胀,箍筋在核心混凝土的挤压下产生变形,箍筋的约束作用下降,纵向钢筋与核心混凝土相脱离,最终导致纵向钢筋压屈破坏。

(5) 加载过程中,试件屈服之前,柱底部各侧面出现大量微细裂缝,水平力卸载至零时,裂缝全部闭合,没有残余裂缝;试件屈服后,随循环加载的持续进行,裂缝在其长度和宽度上不断发展,残余裂缝宽度越来越大,混凝土保护层逐渐破碎剥落。

(6) 由于梁试件非对称纵向钢筋配置的影响,沿受力方向上试件两侧在强度和刚度上存在较大差别,破坏程度明显不同,破坏主要集中在某一侧面(配筋面积较少侧)上,纵向钢筋断裂。

第六章　试验数据处理及抗震性能等级的试验验证

6.1　概述

本章通过第五章低周反复加载试验中试验数据自动采集系统得到的荷载、位移等试验数据,得到了各试件的荷载—位移滞回曲线,从强度、延性等方面分析试验构件的抗震性能。通过本书第三章中修正后的双参数损伤模型确定各试件损伤特征点对应的损伤指标,对第四章中提出的抗震性能等级进行了试验验证。

6.2　荷载-位移滞回曲线

各柱、梁试件的荷载—位移滞回曲线如图 6.1 所示,有如下特点:

(1) 试件开裂之前,滞回曲线近似于直线,加载和卸载曲线基本重合,试件基本处于弹性阶段;试件刚刚开裂后,刚度退化,滞回曲线发生弯曲,卸载后有残余变形,随着加载的继续,滞回环面积逐渐增大并处于稳定发展阶段。试件进入非线性。

(2) 试件底部纵向钢筋屈服后,滞回环面积显著增大,同一位移下随循环次数的增加,试件刚度和强度均产生退化。

(3) 达到极限荷载后,对轴压比较小的试件,滞回曲线平缓下降,承载力缓慢降低,表现出良好的延性能力;对轴压比较大的试件,滞回曲线下降变陡,承载力明显降低,但仍表现出一定的延性能力。

(4) 对于梁试件,从滞回曲线中可以看出两个方向的极限承载力相差较大,刚度下降程度存在差异。主要是由于非对称纵筋配置,导致在受力方向上两侧面的刚度和强度相差较大。

(5) 对于各试件,从接近极限承载荷载开始表现出粘结滑移效应,梁试件更为明显,曲线向原点捏拢。由于捏拢现象的存在,卸载至接近于零时,试件刚度急剧下降。

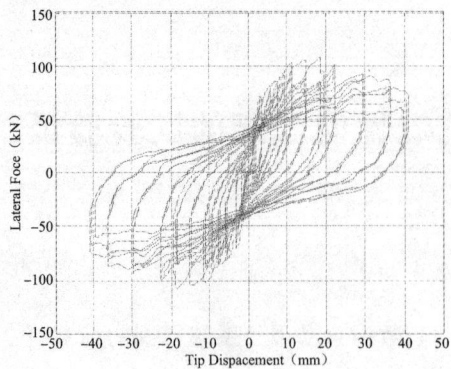

(a) C301

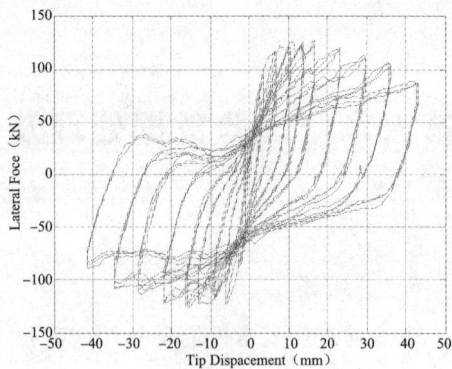

(b) C303

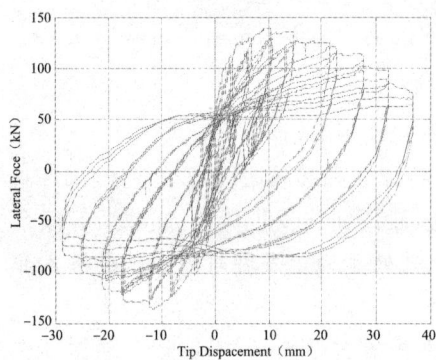

(c) C305

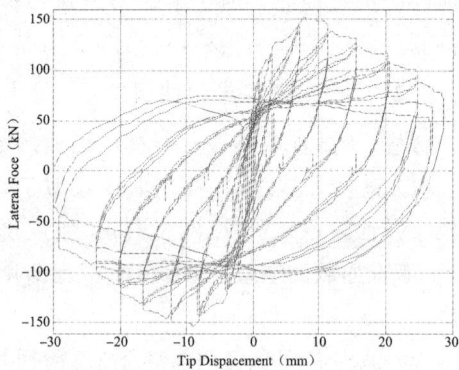

(d) C307

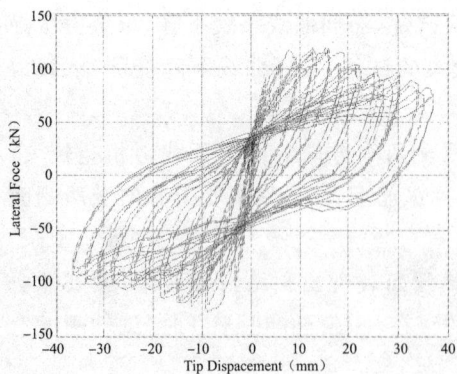

(e) C305L

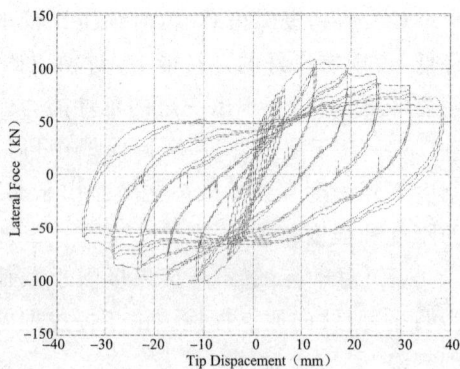

(f) C505

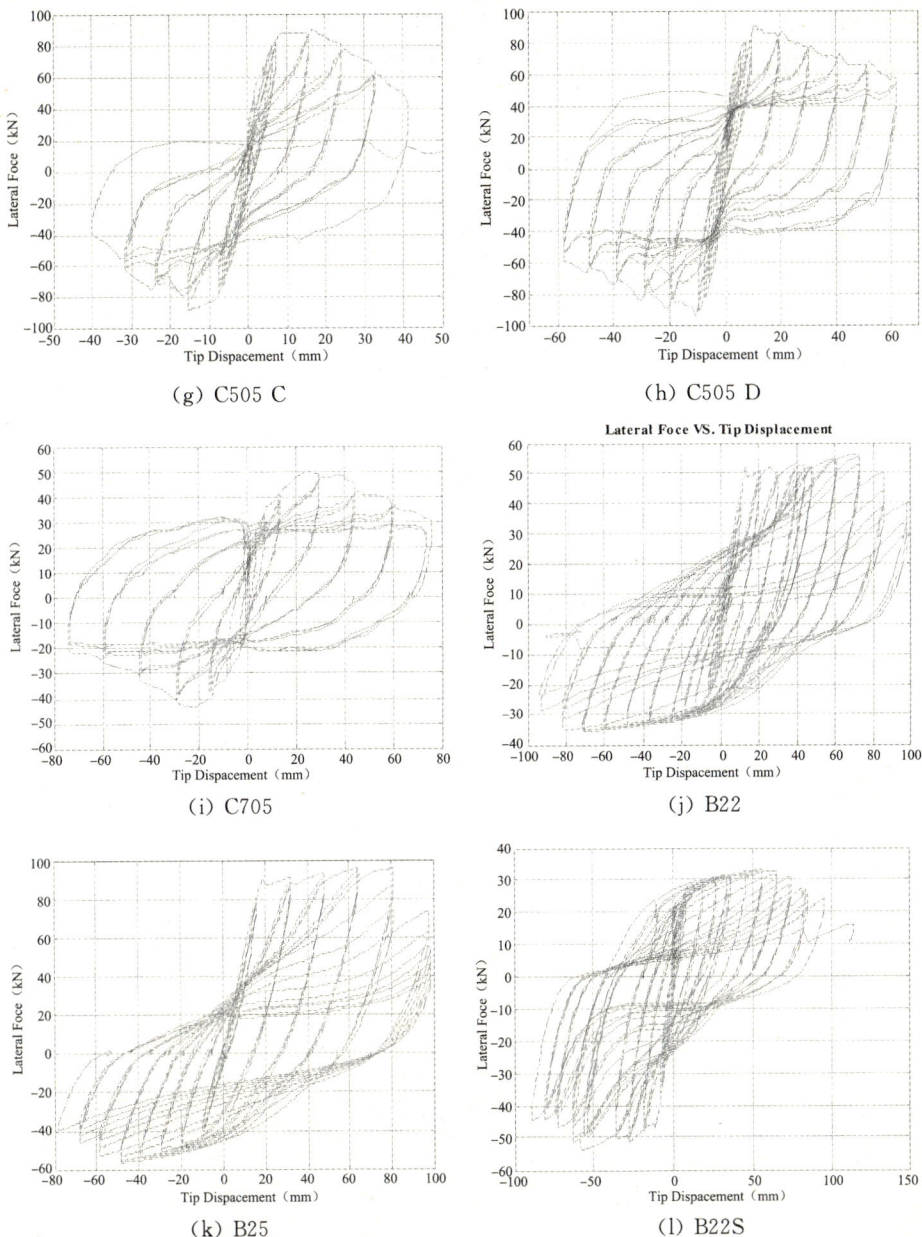

（g）C505 C

（h）C505 D

（i）C705

（j）B22

（k）B25

（l）B22S

图 6.1 荷载-位移滞回曲线

6.3 骨架曲线分析比较

将滞回曲线各滞回环峰值点连线得到各试件的骨架曲线，如图 6.2 所示，其中 a、b、c、d 四个图形就轴压比、剪跨比、配箍率和纵筋配筋率四个参数对抗震性能的影响进行了对比。所有骨架曲线的下降度比较平缓,承载力缓慢下降,位移增大的速度明显比承载力下降速度快,表明各构件具有较好的延性能力。

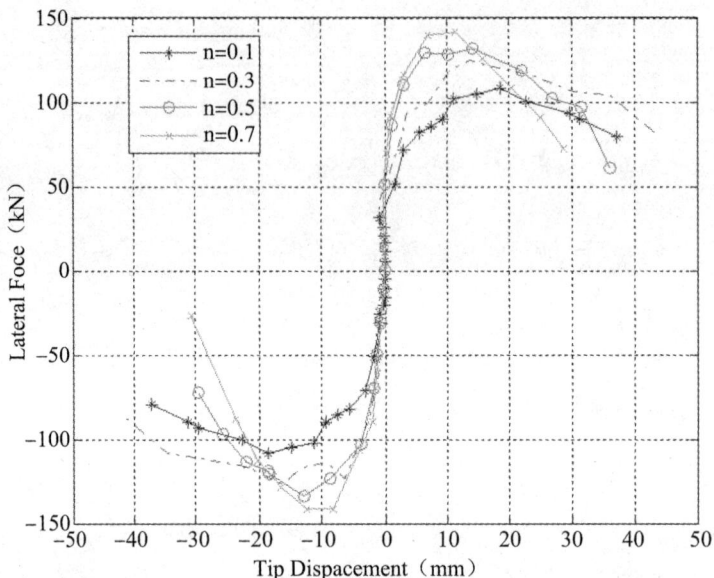

（a）轴压比系

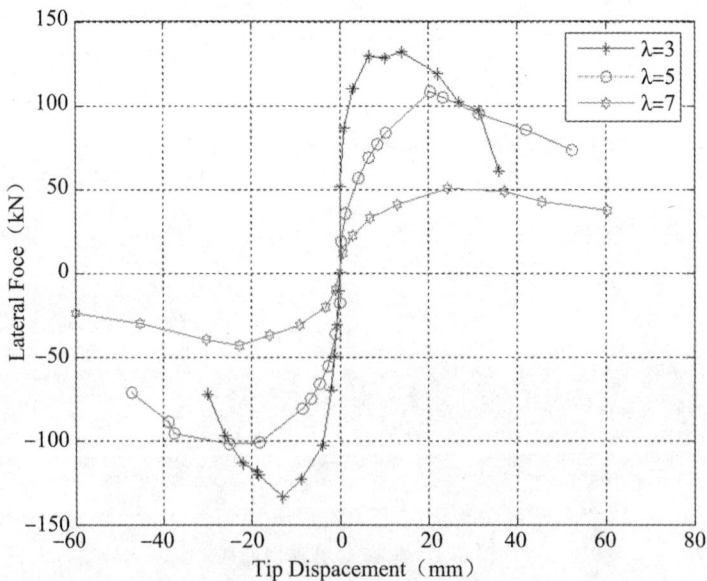

（b）剪跨比系

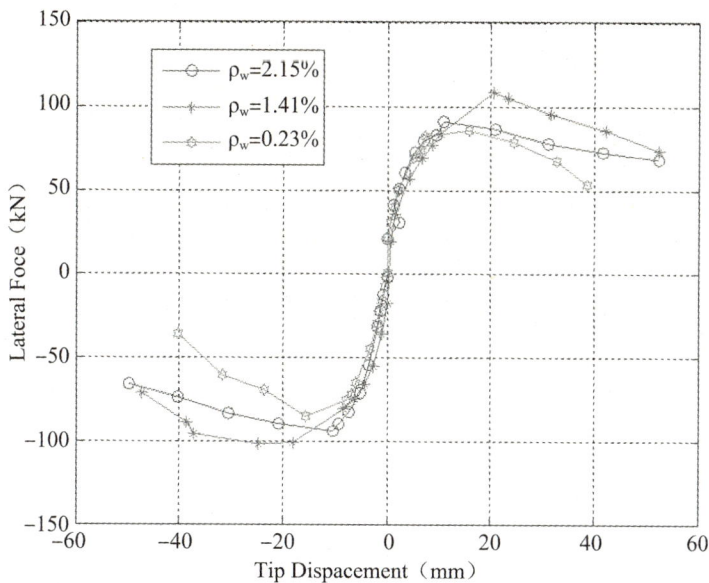

（c）配箍率系

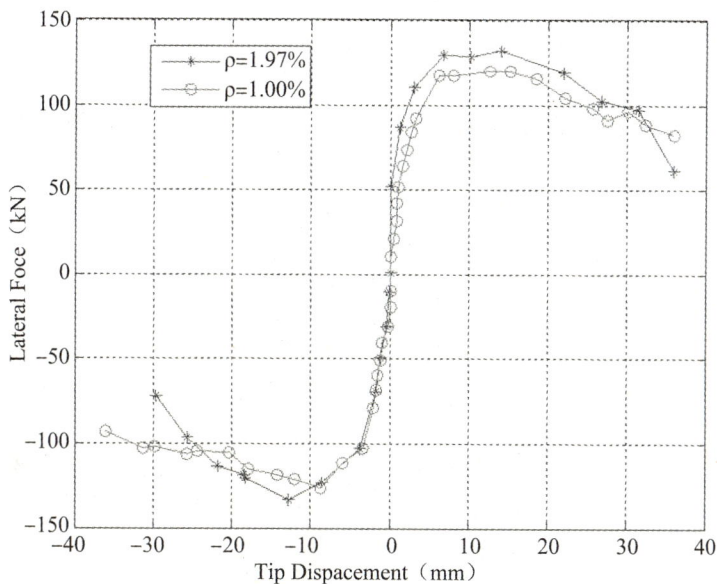

（d）纵筋配筋率系

图 6.2 各试件骨架曲线

从图 6.2(a)中可以看出,随着轴压比的增加,构件极限承载力显著增大,极限位移逐渐减小。轴压比从 0.1 增大到 0.7,试件的极限承载力增大了近 40%,极限位移下降了近 45%。轴压比较小的试件(C301 和 C303 对应的轴压比分别为 0.1 和 0.3)的骨架曲线的下降段比较平缓,表现出良好的延性;而轴压比较大的试件(C307 的轴压比为 0.7)的骨架曲线在达到最大承载力后,承载力陡降,破坏时位移较小。构件在达到极限承载力后,随着轴压比的增大,承载力下降速度显著增大,延性随之下降。

从图 6.2(b)中得到,随着剪跨比的增大,构件极限承载力减小,极限位移显著增大,曲线在达到峰值点后下降速度明显变缓。剪跨比从 3 到 5,试件的极限位移增大了 1 倍多,极限承载力下降了 65%。分析产生的主要的原因是,随着剪跨比的增大,相同水平荷载作用下产生的水平位移增大,竖向荷载产生的附加弯矩的影响越来越大,导致承载力下降。

从图 6.2(c)中可以看出,三个试件的极限承载力比较接近,极限承载力对应的位移随着配箍率的增大而增大。在曲线达到峰值点之前,曲线接近重合,达到峰值点后,随着配箍率的增大,曲线下降趋势变缓,试件极限位移逐渐增大。非抗震设计试件 C505C 在达到极限承载力后,承载力陡降,延性显著降低。

从图 6.2(d)中可以看出,两个曲线形状相似,纵筋配筋率对试件的极限承载力及延性影响较小。

6.4 加载特征点的确定与比较

6.4.1 开裂点

由于材料的非线性及混凝土中微裂缝的存在,在加载初始阶段,荷载－位移曲线就呈现出非线性的发展。结合试验实测初始开裂情况,以试件的荷载－位移骨架曲线上的第一个比较明显的拐点作为开裂点。各试件开裂荷载情况见表 6.1。

试件的开裂受轴压比影响最大,随着轴压比和纵筋配筋率的增大,试件开裂推迟,开裂荷载增大;剪跨比越大,试件高度越高,构件的开裂荷载越小;配箍率对开裂荷载的影响不明显。

6.4.2 屈服点

由于钢筋混凝土材料的非线性特征以及构件不同部位钢材屈服时间不同步的原因,在循环荷载作用下构件的骨架曲线往往没有明显的屈服点。为了确定构件的屈服位移,各学者提出了不同的确定方法,目前应用比较多的有通用弯矩屈服法、能量等效法和 Park 提出的方法[60],如图 6.3 所示。

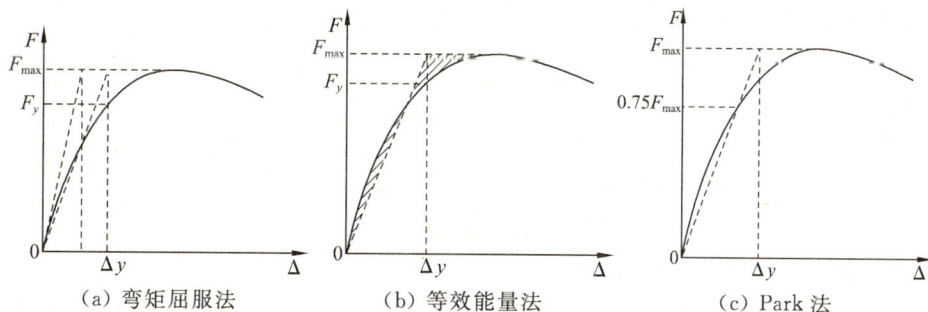

图 6.3　屈服点确定方法

（a）弯矩屈服法　　　（b）等效能量法　　　（c）Park 法

为了与第四章屈服点的确定相一致,以 Park 提出的屈服位移确定方法确定试件的屈服荷载和屈服位移。各试件屈服位移列于表 6.1 和表 6.2。

从表 6.1 和表 6.2 可知,轴压比、配箍率对屈服位移的影响不明显,随着剪跨比和纵筋配筋率的增大,构件的屈服位移显著增大。

对于梁试件,纵筋配筋率小的一侧比纵筋配筋率大的一侧先达到屈服。

6.4.3　极限点

各试件骨架曲线的荷载峰值点即为构件的最大承载力,各试件的承载力列于表 6.1。从表中可以看出轴压比、剪跨比和纵筋配筋率对构件的承载力有较大影响,随轴压比的增大,剪跨比的减小,纵筋配筋率的增加,构件的最大承载力明显增大。试件 C307 的最大荷载(148.3 kN)是试件 C301 的极限荷载(108.1 kN)的 1.4 倍;试件 C705 的最大荷载比试件 C305 的最大荷载下降了近 65%;试件 C305L 的最大荷载比试件 C305 的最大荷载下降了约 10%。

极限位移的确定,应基于控制结构的破坏不超过一定的限值,承载力达到最大并不意味着结构的破坏,结构在达到最大承载力后仍有较大的承载和变形能力。本书取荷载－位移骨架曲线下降至最大承载力的 85% 的点定义为破坏点,对应的位移为极限位移。各试件的极限位移列于表 6.1 和表 6.2。

从表 6.1 和表 6.2 中可以看出,随着轴压比的减小、剪跨比的增大,构件的极限位移显著增大;配箍率和纵筋配筋率对极限位移的影响不明显。

6.4.4　延性系数

延性是反映结构构件塑性变形能力的指标,也是衡量其抗震性能好坏的指标之一,与结构强度一起决定了结构的抗震能力。周期荷载作用下的构件延性——滞回延性是结构在周期荷载经多次循环后,保持一定的承载能力条件下所具有的变形能力,是构件承受动力荷载时吸收能量的能力[67]。

对钢筋混凝土结构通常采用位移延性系数来反映延性大小。位移延性系数定义为结构极限位移 Δ_u 与屈服位移 Δ_y 的比值[68]：

$$\mu = \frac{\Delta_u}{\Delta_y} \tag{6.1}$$

柱试件的延性系数计算结果见表 6.1，梁试件的延性系数计算结果见表 6.2。

从表 6.1 中可以看出，轴压比是影响试件延性最主要的因素，试件 C301、C303、C305 和 C307 对应的延性系数分别是 8.95、8.32、6.87 和 5.03，表明随着轴压比的增大，试件延性系数明显减小，变形能力显著降低。

试件 C305、C505 和 C705 的延性系数分别为 6.87、5.06 和 4.33，表明随着剪跨比的增大，构件的延性系数变小，构件的延性降低。

表 6.1 中试件 C505D、C505 和 C505C 对应的延性系数分别是 5.6、5.06 和 3.37，随配箍率的减小，试件的延性系数变小，延性降低。从表 6.2 中可以看出，对于梁试件，同样表现出相同的规律。对于按非抗震构造要求设计的试件 C505C 的延性系数仅为 3.37，与按抗震构造要求设计的试件 C505 相比，延性系数下降了近 30%，说明在工程设计中按抗震构造要求进行设计是非常有必要的。

柱试件 C305 和 C305L 的延性系数分别是 6.87 和 7.54，梁试件 B22 和 B25 的延性系数分别是 9.43 和 5.70，表明随着纵筋配筋率的减小，延性系数逐渐变大。

表 6.1 柱试件加载特征点信息

试件名	开裂荷载 F_{cr}(kN)	F_{cr} 对应的位移 Δ_{cr}(mm)	屈服荷载 F_y(kN)	屈服位移 Δ_y(mm)	最大荷载 F_{max}(kN)	F_{max} 对应的位移 Δ_{max}(mm)	Δ_u 对应的荷载 F_u(kN)	极限位移 Δ_u(mm)	延性系数 μ
C301	25.84	0.38	81.60	4.03	108.10	18.23	89.52	36.06	8.95
C303	29.18	0.43	92.45	3.64	126.80	14.36	108.70	30.28	8.32
C305	43.91	0.47	103.10	3.84	138.60	10.04	114.10	26.38	6.87
C307	69.06	0.68	116.00	4.04	148.30	11.32	116.10	20.33	5.03
C305L	41.45	0.51	102.90	3.40	126.20	9.96	106.30	25.64	7.54
C505	33.22	1.78	81.20	8.32	108.30	16.76	85.67	42.13	5.06
C505C	25.20	1.51	81.98	7.43	87.67	15.70	74.35	25.05	3.37
C505D	27.22	1.32	82.75	7.45	84.21	19.49	72.06	41.69	5.60
C705	18.46	2.35	40.84	13.29	48.53	29.63	39.53	57.54	4.33

表 6.2 梁试件延性系数计算

试件名	开裂位移(mm)		屈服位移(mm)		极限位移(mm)		延性系数 μ		
	正向	负向	正向	负向	正向	负向	正向	负向	平均值
B22	0.86	0.74	12.20	7.82	87.25	91.53	7.15	11.71	9.43
B22S	0.76	0.89	7.95	11.38	82.72	75.63	10.41	6.65	8.53
B25	0.91	0.73	18.52	10.16	92.63	64.85	5.01	6.38	5.70

6.5 混凝土保护层的损伤破坏情况

通过在试件底部设置的位移计测得的两侧面的相对位移数据,可得到混凝土受压区边缘的应变 ε_c,如图 6.4 所示。混凝土受压区边缘应变计算公式为:

$$\varepsilon_c = d/h_s = d_1(1 - L_1(d_2/d_1)/L)/h_s \tag{6.2}$$

表 6.3 给出了各试件混凝土保护层初始剥落时混凝土受压区边缘的压应变值。从表中得到,混凝土受压区边缘的平均压应变为 4.7×10^{-3},离散系数为 26%。

试件破坏时的混凝土保护层剥落高度列于表 6.3。各试件破坏区域主要集中在距离底座 1 倍的截面高度范围内,混凝土保护层大部分剥落。对于按抗震设计要求设计的试件,混凝土保护层的剥落高度与试件截面高度的比值在 0.59 到 1.00 之间;对于非抗震设计的试件 C505C,混凝土保护层剥落高度与截面高度的比值达 1.04,表明与按抗震设计要求设计的构件相比,非抗震设计的构件破坏程度更加严重。

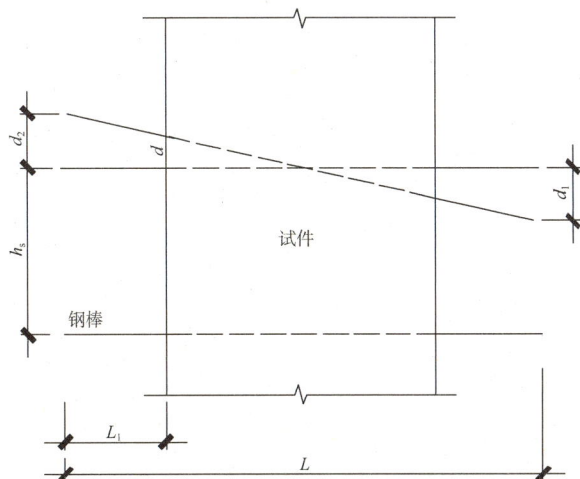

图 6.4 混凝土压应变计算示意图

表 6.3　各试件混凝土保护层损伤

试件名	C301	C303	C305	C305L	C307	C505	C505D	C505C	C705	B22	B22S	B25
Δ_{spall}（mm）	8.52	10.29	9.94	6.30	11.27	31.11	19.64	16.70	44.30	31.75	18.90	31.75
ε_{spall}（10^{-6}）	610	580	620	630	570	430	380	420	260	370	420	360
H_{spall}（mm）	200	210	220	189	250	250	150	260	250	253	308	383
H_{spall}/h	0.80	0.84	0.88	0.76	1.00	1.00	0.60	1.04	1.00	0.63	0.77	0.96

注：Δ_{spall} 和 ε_{spall} 分别是混凝土保护层初始剥落时对应的各试件的位移和混凝土受压区边缘的压应变；H_{spall} 和 h 分别是混凝土保护层剥落高度和试件的截面高度。

6.6　各损伤特征点裂缝开展情况

对于大多数试件，裂缝主要集中出现在距离各试件底部 500 mm 高度范围内，柱试件 C705 和梁试件的高度比较高，裂缝出现在距离试件底部 1 100 mm 高度内，大部分裂缝沿高度方向上的间距近似等于箍筋的间距。混凝土开裂后，在构件屈服之前，随控制荷载的逐级增大，裂缝的宽度变化不大，卸载后裂缝几乎都能闭合，没有残余裂缝的出现，沿试件高度方向，不断出现新的裂缝，裂缝的数量不断增加；试件屈服以后，新增裂缝几乎不再出现，裂缝在长度和宽度上不断发展，出现残余裂缝，随着控制位移的继续增大，残余裂缝宽度不断增大，裂缝相互连通。各构件四个侧面的裂缝走向大致如图 6.5 所示。各损伤特征点对应的裂缝宽度列于表 6.4。

表 6.4　各特征点裂缝宽度

试件名	屈服点		最大荷载处		极限位移点	
	最大缝宽（mm）	残余缝宽（mm）	最大缝宽（mm）	残余缝宽（mm）	最大缝宽（mm）	残余缝宽（mm）
C301	0.3	0.03	1.69	0.63	2.48	1.61
C303	0.27	0.10	1.50	0.82	2.12	1.22
C305	0.17	0	0.56	0.39	0.97	0.69
C307	0.16	0	0.56	0.29	1.03	0.92
C305L	0.26	0.06	1.56	0.82	2.22	1.15
C505	0.13	0.02	0.99	0.69	1.27	1.05
C505D	0.13	0	0.7	0.59	1.57	1.18
C505C	0.16	0	1.04	0.74	1.87	1.28
C505S	0.15	0	0.98	0.23	保护层压碎	
C705	0.17	0	0.56	0.21	1.69	1.38
平均值	0.19	0.052	1.01	0.48	1.62	1.16

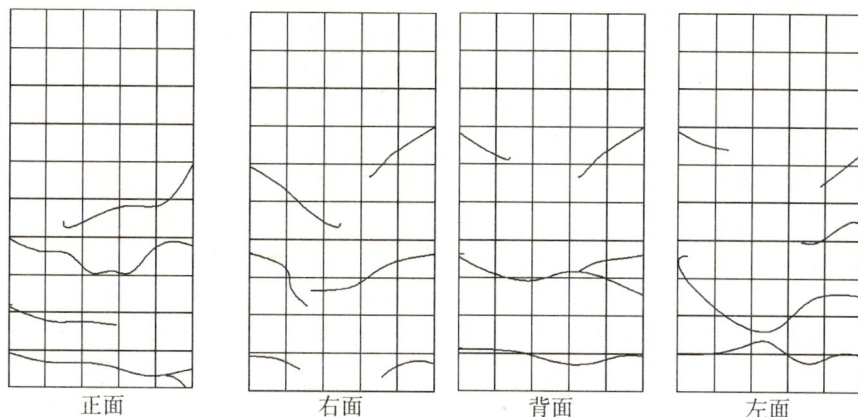

正面   右面   背面   左面

图 6.5 试件各侧面裂缝分布示意图

从表中 6.4 可以看出,轴压比是影响裂缝开展与闭合的最重要因素。随着轴压比的增大,最大裂缝宽度和残余裂缝宽度不断减小。随着剪跨比的减小,纵筋配筋率的增大,最大裂缝宽度逐渐减小,裂缝易于闭合。

6.7 钢筋混凝土框架结构抗震性能等级的试验验证

以本书第五章中柱试件的低周反复加载试验结果,确定各试件在反复荷载作用下损伤破坏的特征点,依据本书提出的修正后的双参数损伤模型,确定各损伤特征点对应的损伤指标值,对本书提出的抗震性能等级中用于评价结构构件损伤程度的性能指标进行试验验证。

各试件损伤特征点按本章 6.4 方法确定。采用本书第三章修正后的损伤模型计算得到的各试件损伤特征点对应的损伤指标值列于表 6.5。

表 6.5 各试件损伤特征点对应的损伤指标

试件名	E_{cr} (kN·m)	E_y (kN·m)	E_{max} (kN·m)	E_u (kN·m)	D_{cr}	D_y	D_{max}	D_u
C301	0.005	1.27	13.76	35.28	0.032	0.09	0.48	1.01
C303	0.006	1.06	21.68	45.19	0.025	0.09	0.49	1.04
C305	0.162	1.49	10.34	30.96	0.042	0.11	0.35	0.95
C307	0.069	1.45	7.71	42.07	0.051	0.15	0.46	1.11
C305L	0.189	2.00	6.41	31.26	0.026	0.10	0.31	0.93
C505	0.325	3.24	8.46	61.86	0.042	0.16	0.34	1.15
C505C	0.134	1.97	5.87	22.48	0.062	0.27	0.59	1.14
C505D	0.178	2.82	8.45	32.54	0.041	0.15	0.40	0.96

续表

试件名	E_{cr} (kN·m)	E_y (kN·m)	E_{max} (kN·m)	E_u (kN·m)	D_{cr}	D_y	D_{max}	D_u
C705	0.106	2.04	6.48	29.08	0.042	0.18	0.43	1.02
B22	0.062	2.38	11.52	83.26	0.033	0.10	0.26	1.26
B22S	0.060	2.87	34.98	62.58	0.034	0.14	0.45	1.06
B25	0.026	1.06	37.01	92.68	0.033	0.15	0.43	1.01

表中,E_{cr}、D_{cr}分别是构件开裂时对应的累积耗能和损伤指标;E_y、D_y分别是构件屈服时对应的累积耗能和损伤指标;E_{max}、D_{max}分别是构件达到最大荷载时对应的累积耗能和损伤指标;E_u、D_u分别是构件极限破坏时对应的累积耗能和损伤指标。

从表6.5中可知,全部试验构件开裂时对应的损伤指标在0.025~0.062范围内,平均值为0.039,标准差为0.01;屈服时对应的损伤指标在0.09~0.27范围内,平均值为0.14,标准差为0.05;最大荷载点对应的损伤指标在0.26~0.59范围内,平均值为0.42,标准差为0.09;极限位移点对应的损伤指标在0.93~1.26范围内,平均值为1.05,标准差为0.10。

对照本书第四章中的性能等级量化表可知,所得试验构件各损伤特征点的平均损伤指标值与所确定的性能等级控制点的损伤指标限值比较接近,结果的离散程度较小,从而验证了本书确定的抗震性能等级是合理的。

6.8 本章小结

(1)全部试件的骨架曲线在达到极限承载力后,下降段比较平缓,说明试件具有合理的延性能力。

(2)随着轴压比的增大,试件的极限承载力明显增大,而极限变形能力显著降低,延性系数减小。轴压比的增大限制了裂缝的开展,残余裂缝宽度减小。

(3)剪跨比对试件的承载力和变形能力有显著的影响。随剪跨比的增大,试件的承载力减小,延性系数下降。

(4)配箍率对试件的延性有较大的影响,配箍率越大,延性系数越大。对非抗震设计的构件,在达到极限承载力后,强度和刚度均显著下降,延性系数明显减小,表明按抗震要求进行工程设计是非常必要的。

(5)随纵筋配筋率的增大,试件的承载力有所提高,延性系数减小。

(6)采用修正后的损伤模型,对各试件损伤特征点的损伤指标进行了计算,验证了本书建立的抗震性能等级的合理性。

第七章　结论与展望

7.1　本书的主要研究成果

本书通过对钢筋混凝土构件损伤模型的理论研究和低周反复加载试验研究，取得如下成果：

（1）本书在对现有评价结构构件损伤破坏程度的损伤模型的整理和研究基础上，通过对 PEER 数据库中部分钢筋混凝土柱试验数据的理论分析，对 Park-Ang 双参数损伤模型进行了修正。修正后的损伤模型改善了预测钢筋混凝土柱破坏时对应的损伤指标的准确性。

（2）本书基于我国现行抗震规范和国内外相关研究成果，将钢筋混凝土框架结构抗震性能等级划分为五个等级。采用修正后的损伤模型确定了所选试验构件各损伤特征点对应的损伤指标，在参考国内外现行规范和现有研究成果基础上确定了层间位移角的限值。以损伤指标和层间位移角为主要性能指标从结构构件层次和结构楼层的层次对抗震性能等级进行了量化。

（3）以轴压比、剪跨比、配箍率和纵筋配筋率为主要设计参数，完成了钢筋混凝土柱、梁试件的低周反复加载试验，对比研究了钢筋混凝土框架柱在非抗震设计与抗震设计情况下的损伤破坏机理，以及开裂、屈服、破坏的物理过程。

（4）根据低周反复加载试验得到的荷载、位移等试验数据，从强度、延性等方面分析了各参数对抗震性能的影响程度。分析结果表明：随轴压比的增加，构件的变形能力及耗能能力显著降低，而极限承载能力随之增加；随剪跨比的增大，构件的延性系数减小，极限承载能力下降；增大纵筋配筋率可提高构件极限承载能力，而延性有所降低；配箍率的提高有助于提高构件的延性，在实际工程设计中按现行抗震规范要求进行设计是非常有必要的。

（5）根据钢筋混凝土柱、梁低周反复加载试验得到的试验数据，采用修正后的双参数损伤模型计算各试件损伤特征点对应的损伤指标值，验证了所建立的钢筋混凝土框架结构抗震性能等级是可行的。

7.2　建议及展望

（1）本书修正后的双参数损伤模型是基于 PEER 部分试验数据提出的，适用于以弯曲破坏为主的构件（梁、柱）。由于试验数据有限，对于修正后的损伤模型是否适用于其他类型和其他破坏形式的构件,本书未作验证,建议今后通过相关研究给予验证。

（2）由于时间有限,本书主要研究了用于评价结构构件损伤程度的损伤模型,为了确定整体结构的损伤指标,对用于评价整体结构损伤程度的损伤模型有待进一步研究。

（3）本书试验数量有限,设计参数研究不够全面,对于箍筋形式、构件截面形式及混凝土强度等级对抗震性能的影响研究不够充分,建议今后进行补充试验开展进一步研究。

参考文献

［1］ Sozen M A. Review of earthquake response of RC buildings with a view to drift control. State of the artin earthquake Engineering, Ankara, 1981: 383—418.

［2］ Veletsos A S, Newmark N M. Effect of inelastic behavior on the response of simple system to earthquake motions. Proceeding of 2nd World Conference on Earthquake Engineering, Tokyo, Japan, 1960:895—912.

［3］ Qi X, Moehle J P. Displacement design approach for reinforced concrete structures subjected to earthquakes. Report No. UCB/EERC-91/02, Berkeley, Earthquake Engineering Research Center, University of California, 1991.

［4］ Calvi G M, Kingsley G R. Displacement-based seismic design of multi-degree-of-freedom bridge structures. Earthquake Engineering and Structural Dynamics, 1995, 24(9):1247—1266.

［5］ Kowalsky M J, Priestley M J N, Macrae G. A. Displacement-based design of RC bridge columns in seismic regions. Earthquake Engineering and Structural Dynamics, 1995, 24(12):1623—1643.

［6］ Fajfar P. Capacity spectrum method based on inelastic demand spectra. Earthquake Engineering and Structural Dynamics, 1999, 28(9):979—993.

［7］ Gupta B, Kunnath S K. Adaptive spectra-based pushover procedure for seismic evaluation of structures. Earthquake Spectra, 2000, 16(2):367—391.

［8］ Chopra A K, Goel R K. A model pushover analysis procedure for estimating seismic demands for buildings. Earthquake Engineering and Structural Dynamics, 2002, 31(3):561—582.

［9］ Kalkan E, Kunnath S K. Adaptive model combination procedure for nonlinear static analysis of building structures. Journal of Structural Engineering, 2006, 132(11):1721—1731.

［10］ Ruiz-Garcia J, Miranda E. Evaluation of residual drift demands in regular multi-storey frames for performance-based seismic assessment. Earthquake Engineering and Structural Dynamics,2006,35(13):1609—1629.

[11] Karavasilis T L,Bazeos N,Beskos D E. Maximum displacement profiles for the performance based seismic design of plane steel moment resisting frames. Engineering Structues,2006,28(1):9—22.

[12] Priestley M J N. Performance based seismic design. Proceeding of 12th World Conference on Earthquake Engineering, Auckland, New Zealand, 2000,Paper No. 2831.

[13] Xue Q. A direct displacement-based seismic design procedure of inelastic structures. Engineering Structures,2001,23(11):1453—1460.

[14] Kowalshy M J. A displacement-based approach for the seismic design of continuous concrete bridges. Earthquake Engineering and Structural Dynamics,2002,31(3):719—747.

[15] Browing J P. Proportioning of earthquake-resistant RC building structures. Journal of Structural Division ASCE,2001,127(2):145—151.

[16] Ashheim M A,Black E F. Yield point spectra for seismic design and rehabilitation. Earthquake Spectra,2000,16(2):317—336,

[17] SEAOC. Recommended lateral force requirements and commentary, 7th ED. ,1999.

[18] Miranda E,Ruiz-Garcia J. Evaluation of approximate methods to estimate maximum inelastic displacement demands. Earthquake Engineering and Structural Dynamics,2002,31(3):539—560.

[19] Ruiz-Garcia J,Miranda E. Inelastic displacement ratios for evaluations of structures built on soft soil sites. Earthquake Engineering and Structural Dynamics,2006,35(6):679—694.

[20] Teran-Gilmore A,Jirsa J O. Energy demands for seismic design against low-cycle fatigue. Earthquake Engineering and Structural Dynamics,2007, 36(3):383—404.

[21] 黄建文,朱晞. 近场地震作用下钢筋混凝土桥墩基于位移的抗震设计. 土木工程学报,2005,38(4):84—90.

[22] 崔长海,公茂盛,张茂花等. 工程结构等延性地震抗力谱研究. 地震工程与工程振动,2004,24(1):22—29.

[23] 王东升,李宏男,赵颖华等. Ay-Dy 格式地震需求谱及其在结构性能设计中的应用. 建筑结构学报,2006,27(1):61—65.

［24］　罗文斌,钱稼茹.钢筋混凝土框架基于位移的抗震设计.土木工程学报,2002,36(5):22—29.

［25］　吕西林,周定松.考虑场地类别与设计分组的延性需求谱和弹塑性位移反应谱.地震工程与工程振动,2004,24(1):39—48.

［26］　吴波,李文艺.直接基于位移可靠度的抗震设计方法中目标位移代表值的确定.地震工程与工程振动,2002,22(6):44—51.

［27］　田野,梁兴文,瞿岳前.钢筋混凝土框架结构直接基于位移的抗震设计.世界地震工程,2005,21(2):64—69.

［28］　梁兴文,黄雅捷,杨其伟.钢筋混凝土框架结构基于位移的抗震设计方法研究.土木工程学报,2005,38(9):53—60.

［29］　弓俊青,朱晞.以位移为基础的钢筋混凝土桥梁墩柱抗震设计方法.中国公路学报,2001,14(4):42—46.

［30］　周定松,吕西林,蒋欢军.钢筋混凝土框架梁的变形能力及基于性能的抗震设计方法.地震工程与工程振动,2005,25(4):60—66.

［31］　吕西林,周定松,蒋欢军.钢筋混凝土框架柱的变形能力及基于性能的抗震设计方法.地震工程与工程振动,2005,25(6):53—61.

［32］　季静,雷磊,杨志强等.基于性能的抗震设计方法在剪力墙结构中的应用.地震工程与工程振动,2006,26(3):61—62.

［33］　何政,欧进萍.钢筋混凝土结构基于改进能力谱法的地震损伤性能设计.地震工程与工程振动,2000,20(2):31—38.

［34］　Teran-Gilmore A,Jirsa J. A damage model for practical seismic design that accounts for low cycle fatigue. Earthquake Spectra,2005,21(3):803—832.

［35］　傅剑平,王敏,白绍良.对用于钢筋混凝土结构的 Park-Ang 双参数损伤模型的评价和修正.地震工程与工程震动,2005,25(5):73—79.

［36］　CEB-fib. Seismic design of reinforced concrete structures for controlled inelastic response (Design Concepts). State of art report,the International Federation for Structural Concrete (fib),Lausanne, Switzerland,2000.

［37］　Miner M A. Cumulative damage in fatigue. Journal of Applied Mechanics Review,1945,67(12):212—225.

［38］　Chung Y S,Meyer C,Shinozuka M. Modeling of concrete damage. ACI Structural Journal,1989,86(3):259—271.

［39］　Banon H,Bigger J M,Irvine H M. Seismic damage in reinforced concrete frames. Journal of Structural Division,ASCE,1981,107(9):125—143.

［40］ Roufaiel M S L. and Meyer C. Analytical modeling of hysteretic behavior of RC frames. Journal of Structural Engineering, ASCE, 1987,113(3): 429—444.

［41］ Housner G W. Limit design of structures to resist earthquake. Proceeding of 1st World Conference on Earthquake Engineering,1956.

［42］ McCabe S L,Hall W J. Assessment of seismic structural damage. Journal of Structural Engineering,ASCE,1989,115(9):2166—2183.

［43］ Hwang T H. Effects of variation in load history on cyclic response ofconcrete flexural members. Ph. D Thesis,Department of Civil Engineering,University of Illinois,Urbana,1982.

［44］ Park Y J,Ang A H S,Wen Y K. Seismic damage analysis of reinforced concrete building. Journal of Structural Engineering,ASCE,1985,111(4): 740—757.

［45］ Park Y J,Ang A H S. Mechanistic seismic damage model for reinforced concrete. Journal of Structural Engineering, ASCE, 1985, 111 (4): 722—739.

［46］ Kumar S,Usami T. A note on evaluation of damage in steel structures under cyclic loadings. Journal of Structural Engineering,ASCE,1994,40 (1):177—188.

［47］ 牛荻涛,任利杰.改进的钢筋混凝土结构双参数地震破坏模型.地震工程与工程振动,1996,16(4):44—54.

［48］ 杜修力,欧进萍.建筑结构地震破坏评估模型.世界地震工程,1991, 7(3):52—58.

［49］ 王东升,冯启民,王新国.考虑低周疲劳寿命的改进 Park-Ang 地震损伤模型.土木工程学报,2004,11(37): 41—49.

［50］ 刘伯权,白绍良,许云中,等.钢筋混凝土柱低周疲劳性能的试验研究.地震工程与工程振动,1998,18(4):82—89.

［51］ Kunnath S K K. Cumulative seismic damage of reinforced concrete bridge piers. University at Buffalo,State University of New York,NCEER Report:97—1006.

［52］ Eberhard M. PEER Structural Performance Database,2003,http://nisee. berkeley. edu/spd/.

［53］ CEB-fib. Displacement-based seismic design of reinforced concrete buildings. State of art report, the International Federation for Structural Concrete (fib), Lausanne, Switzerland, 2003.

［54］ Sheikh S A, Uzumei S M. Analytical model for concrete confinement in tied columns. Journal of Structural Division, ASCE, 1982, 108 (12): 2703—313.

［55］ 国家标准：建筑结构抗震设计规范（GB50011-2001）. 北京：中国建筑工业出版社,2001.

［56］ 国家标准：建筑抗震鉴定标准（GB50023-95）. 北京：中国建筑工业出版社,1995.

［57］ 国家标准：建筑抗震加固技术规程（JGJ116-98）. 北京：中国建筑工业出版社,1999.

［58］ 王广军. 建筑地震破坏等级的工程划分及应用. 世界地震工程,1993,9 (2):40—45.

［59］ Priestley M J N. 桥梁抗震设计与加固. 北京：人民交通出版社,1997.

［60］ Park R. Evaluation of ductility of structures and structural assemblages from laboratory testing. Building of the New Zealand national society for earthquake engineering, 1989,2(3):155—166.

［61］ FEMA 273. NEHRP Commentary on the guidelines for the rehabilitation of buildings. Washington, DC: Federal Emergency management Agency, 1996.

［62］ FEMA 356. Pre-Standard and commentary for the seismic rehabilitation of buildings. Washington, DC: Federal Emergency Management Agency, 2000.

［63］ California Office of Emergency Services. Performancebased seismic engineering of buildings. Version 2000. California: Version 2000 Committee, Structural Engineering Association of California, 1995.

［64］ 王亚勇,郭子雄,吕西林. 建筑抗震设计中地震作用取值－主要国家抗震规范比较. 建筑科学,1999,15(5):36—39.

［65］ 郭子雄,吕西林. 建筑结构抗震变形验算中层间弹性位移角限值的研讨. 工程抗震, 1998,(2):1—6.

［66］ 吕西林,王亚勇,郭子雄. 建筑结构抗震变形验算. 建筑科学,2002,18 (1):11—15.

［67］　姚晨纲,刘祖华.建筑结构试验.上海:同济大学出版社,1996.

［68］　朱伯龙.结构抗震实验.北京:地震出版社,1980.

［69］　王传志,腾智明.钢筋混凝土结构理论.北京:中国建筑工业出版社,1985.

［70］　江见鲸,李杰,金伟良.高等混凝土结构理论.北京:中国建筑工业出版社,2006.

［71］　李军旗,赵世春.钢筋混凝土构件损伤模型.兰州铁道学院学报,2000,7(1):25—27.